住宅设计解剖书
隔断收纳整理术

（日）X-Knowledge 编

刘峰 译

江苏凤凰科学技术出版社

第 4 章　目前很受业主喜欢
房间布局新方案

第 5 章　受年轻一代追捧
新的平房布局

如何识别方案的优劣

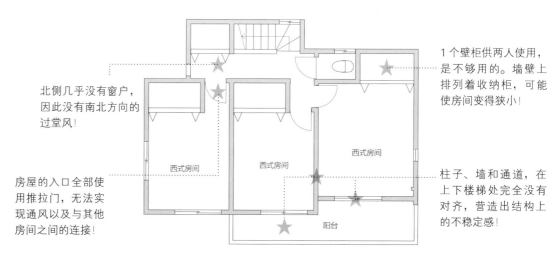

失败的方案

某待售住宅的计划。
1楼和2楼墙壁的位置没有对齐。
房间的数量和面积可能是足够的，但所有的设施都布置在南侧或塞满了北侧。
收纳空间也很少。

北侧几乎没有窗户，因此没有南北方向的过堂风！

房屋的入口全部使用推拉门，无法实现通风以及与其他房间之间的连接！

1个壁柜供两人使用，是不够用的。墙壁上排列着收纳柜，可能使房间变得狭小！

柱子、墙和通道，在上下楼梯处完全没有对齐，营造出结构上的不稳定感！

西式房间

西式房间

西式房间

阳台

2楼平面图（S=1:125）

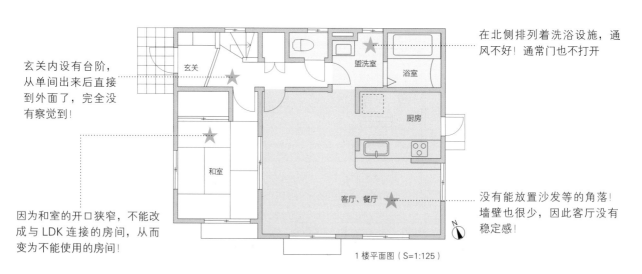

玄关内设有台阶，从单间出来后直接到外面了，完全没有察觉到！

因为和室的开口狭窄，不能改成与LDK连接的房间，从而变为不能使用的房间！

在北侧排列着洗浴设施，通风不好！通常门也不打开

没有能放置沙发等的角落！墙壁也很少，因此客厅没有稳定感！

玄关

盥洗室

浴室

厨房

和室

客厅、餐厅

1楼平面图（S=1:125）

决定住宅好坏的方案（房间布局）。
对于业主来说，如果能提出"好方案"的话，
不用说签合同，施工中也没有变更和索赔，
交接后也能介绍他们认识的客户，诸如此类，
尽是愉快的事情。
因此，本专集具体地介绍了好方案的制作方
法，首先从"好方案本身是什么"这一点开
始讲起。

那种房间布局靠谱吗？

失败的方案

某待售住宅的方案。
共两层，除单间之外都设在1楼，所以，
1楼和2楼的面积不平衡。
北边闭塞。
楼梯和走廊整天阴暗！

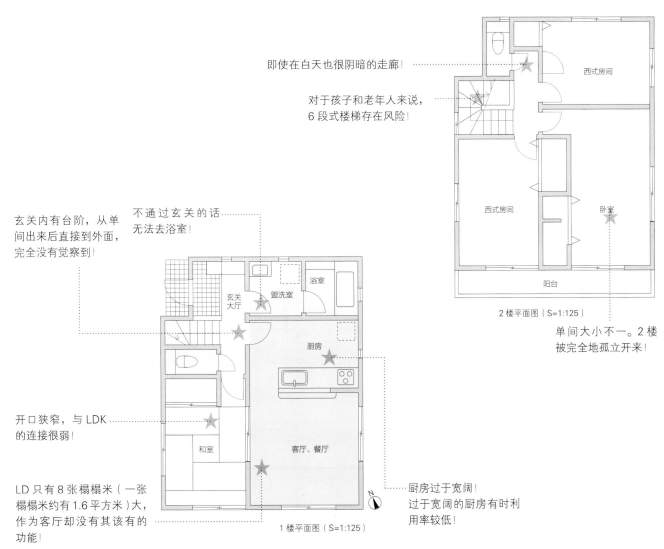

即使在白天也很阴暗的走廊！

对于孩子和老年人来说，
6段式楼梯存在风险！

西式房间

西式房间

卧室

阳台

2楼平面图（S=1:125）

单间大小不一。2楼
被完全地孤立开来！

玄关内有台阶，从单
间出来后直接到外面，
完全没有觉察到！

不通过玄关的话
无法去浴室！

玄关大厅

盥洗室

浴室

厨房

开口狭窄，与LDK
的连接很弱！

和室

客厅、餐厅

LD只有8张榻榻米（一张
榻榻米约有1.6平方米）大，
作为客厅却没有其该有的
功能！

1楼平面图（S=1:125）

厨房过于宽阔！
过于宽阔的厨房有时利
用率较低！

能够长久居住下去的「日本的住宅」

要论述计划的"优"与"劣"，必须以"应该建造什么样的住宅"为前提。由于篇幅的原因，不能谈论很多。在当下，要寻求可以"可持续居住"的住宅，这才是符合日本的气候风土、能够应对居住者的变化、不会令人生厌的"日本的住宅"。但是，遗憾的是，现在在建的住宅中大部分并没有像那样建造。必须向以房间的数量、面积的大小、设施的完善为指标的住宅建造告别，给社会留下不能忘怀且能够长久居住下去的住宅。

与结构不匹配的房间布局、没法生活的房间布局

在这个前提下，看一下遍布街道的住宅方案，就会发现很多问题。

首先是1楼和2楼的结构线没有对齐的住宅。即使是不能看到住宅和梁的大型墙壁结构，也最好不要以房间布局为优先来统一构造上的整合性。以房间布局为优先的话，2楼北侧会有很多凹凸不齐的住宅。以卧室为优先布置房间，再加上厕所和走廊，就变成不整齐形状，而结果就是屋顶也变得

失败的方案 ✕

某房地产公司的方案。
2楼只有单间，面积上不太平衡。
作为中央玄关，家人活动的空间狭窄。
以单间为中心，就会担心家庭关系变淡薄！

卧室和收纳空间的关系不均衡。
无论谁都希望拥有实用的储藏室！

大厅的定位不明确。
只有宽广的走廊而已！

6段旋转式楼梯，有滑落的危险！

主卧空间有9张榻榻米大，过于宽阔！
另一方面，收纳空间少！

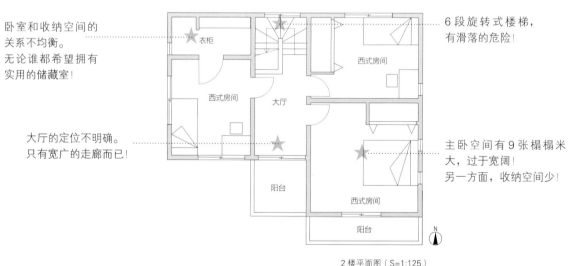

衣柜　西式房间　大厅　西式房间　阳台　西式房间　阳台

2楼平面图（S=1:125）

和室与LD分离开来，因此，变为不被利用房间的可能性很大！

北侧摆放了洗浴设施，通风不良！

分隔室内和院子的中央玄关。
展示场的样板房因为住宅很大才得以设立

LD具有作为餐厅使用的面积。
饭后，可以在这个地方度过惬意的时光……

盥洗室　浴室　和室　玄关大厅　厨房　客厅、餐厅

1楼平面图（S=1:125）

不整齐，非常难看。

以玄关为活动路线原点的住宅太过显眼。是将外部与2楼直接相连，还是穿过客厅爬上2楼，显然后者更有利于家人间的沟通。更为失败的例子是，通向盥洗室和浴室的活动路线也经过玄关的住宅。冬天刚洗完澡出来的时候，突然来人的话，就会陷入尴尬的境地。

和室单独存在的住宅也很显眼。因为只有和室采用明柱墙，所以室内装潢设计上的浮夸也是原因之一，因此不能顺利地融入客厅，只能作为储藏室。

为了使住宅稍微宽敞一些，会舍弃部分的收纳空间。住宅整体上能使用的只有3个榻榻米大的储藏室。单间的衣柜也是不利于房间功能转换的原因。无论何时都得保留儿童房。

最大的缺点就是通风不好。气密性、隔热性的提高虽然增强了房间在冬天里的耐寒性能，但只能用空调来抵御夏天的炎热。1楼北侧塞满洗浴设施、2楼墙壁没有通风道的家庭很多。

与通风性能良好、充分利用有限面积的扩展方案（p8）形成对比。（岸未希亚）

失败的方案

不管东侧是否有道路，在西侧设置玄关。因此，要设置经过客厅前的通道。
虽然有客厅楼梯，但2楼是封闭的，分隔了上、下层！

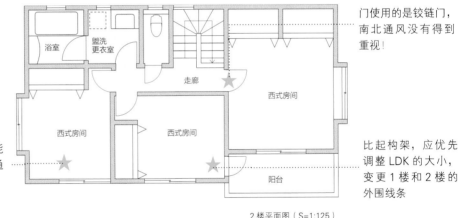

门使用的是铰链门，南北通风没有得到重视！

没有通风通道，不能期待它具有良好的通风性能！

比起构架，应优先调整LDK的大小，变更1楼和2楼的外围线条

2楼平面图（S=1:125）

开口狭窄，缺乏与LDK有一体感的和室。不被使用的可能性很大！

设置成折叠门，导致出入不方便！

直接从后门出去，就会将鞋留在外面！

经过客厅前面的通道。院子也被去除了，要注意个人隐私！

将玄关设在西面，在东侧仅开有小窗户！

1楼平面图（S=1:125）

优秀的方案

紧凑而又感觉空间宽敞的方案。
利于家人之间交流，也能应对将来的变化。
2层＋侧屋的简单结构。

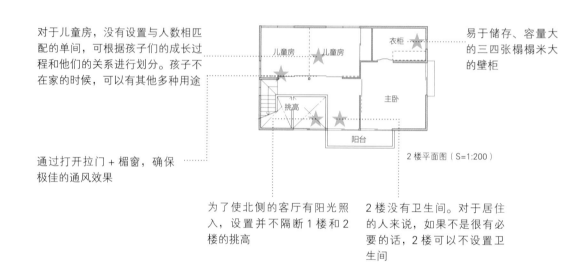

对于儿童房，没有设置与人数相匹配的单间，可根据孩子们的成长过程和他们的关系进行划分。孩子不在家的时候，可以有其他多种用途

通过打开拉门＋楣窗，确保极佳的通风效果

为了使北侧的客厅有阳光照入，设置并不隔断1楼和2楼的挑高

易于储存、容量大的三四张榻榻米大的壁柜

2楼没有卫生间。对于居住的人来说，如果不是很有必要的话，2楼可以不设置卫生间

2楼平面图（S=1:200）

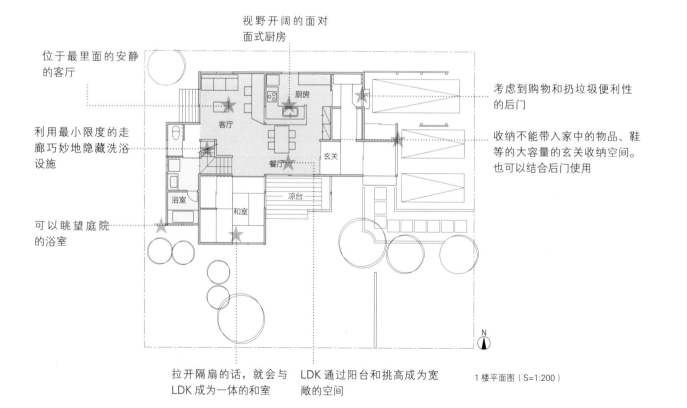

位于最里面的安静的客厅

视野开阔的面对面式厨房

利用最小限度的走廊巧妙地隐藏洗浴设施

可以眺望庭院的浴室

考虑到购物和扔垃圾便利性的后门

收纳不能带入家中的物品、鞋等的大容量的玄关收纳空间。也可以结合后门使用

拉开隔扇的话，就会与LDK成为一体的和室

LDK通过阳台和挑高成为宽敞的空间

1楼平面图（S=1:200）

第1章

必须守住的底线！

房间布局的基本原则

房间布局设计图，不是画好之后提交给房主欣赏用的。

我们应当切实咨询房主的要求，并且将所有可行性方案落实到

设计图之中，这样提交的设计图对于房主来说才是最好的设计

方案。这也是房间布局设计的基本原则。

本章将具体讲述房间布局的法则以及相关技巧。

必须遵循的最低限度！
房间布局的 10 条原则

创作好的方案或房间布局，必须遵循最低限度的原则。在考虑方案的基础上，在这里分别介绍实际应用中遵循的 10 条原则。

 原则 1 ## 家的大小是由房间布局系数决定的

根据希望的居室数量和各个房间的大小，简单地计算建筑整体必要的总面积。因为预先算出，就不用修改设计。这里的房间指的是 LDK、和室、卧室、儿童房等。

步骤 1 列举合计必要的房间和希望的面积

客厅 8 张榻榻米	+	餐厅厨房 10 张榻榻米	+	和室 6 张榻榻米	+	卧室 8 张榻榻米	+	儿童房 6+6 张榻榻米

=
必要的房间面积总和
44 张榻榻米 =22 坪 ≈ 73m²

步骤 2 参照房间布局系数计算房间的面积

必要的房间总面积 22 坪	× 1.8 =	住宅整体的面积 39.6 坪	≈	131m²

顺便说一下，在以房间数和面积为优先的住宅中，系数低于 1.5 的例子有很多

★房间布局系数
表示住宅宽裕程度的数值，规定系数在 1.6 ～ 2.0 范围内。系数取 1.6 的话，不能充分地设置收纳空间和中间没有天花板的房间；系数取 2.0 的话，有充足的富余面积，因此系数从 1.8 开始进行调整是比较好的

注：房间布局系数是建筑家吉田桂二氏的首创

步骤 3 如果算出的面积超出预算的或法律规定的面积的话，使用右边的方法进行调整

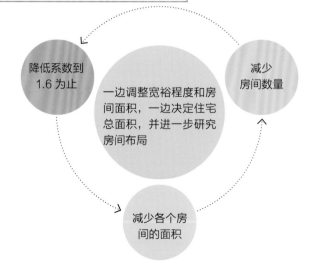

降低系数到 1.6 为止

一边调整宽裕程度和房间面积，一边决定住宅总面积，并进一步研究房间布局

减少房间数量

减少各个房间的面积

原则 2 考虑采光，
对宅基进行分区

决定居住性能的最重要因素是日照（采光）。根据邻地的状况，决定如何在地基上分配建筑物，并且构思大致的方案，探寻开口位置。

步骤 1 建筑靠近北侧设置

如果即使靠近北侧设置建筑也无法得到充足的采光的话，采用在 2 楼南面设置挑高并在 2 楼配置 LDK 的逆袭方案

└ 南面相连的住宅在白天投下的阴影

步骤 2 将住宅设置成 L 形

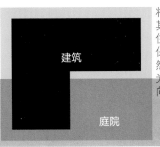

将建筑设置成 L 形，使其一部分摆脱南面相邻住宅所造成的影响，确保采光。凸出的部分虽然没有来自南面的采光，但可以得到东西方向的采光

原则 3 可以考虑运用网格的
形式进行房间布局

如果分别考虑房间布局和框架的话，会出现构造上的不合理，所以必须同时设计。关东间（表示房屋的尺寸，2 尺 9 寸 ×5 尺 8 寸（880 mm×1760 mm）) 和京间（同上，一般为 6.3 尺 ×3.15 尺（1910 mm×955 mm）) 等要选取最适合该地区的网格，根据这个网格开始进行房间布局。

步骤 1 根据一间网格（1818 mm），尽可能不偏离房屋的框架进行房间布局

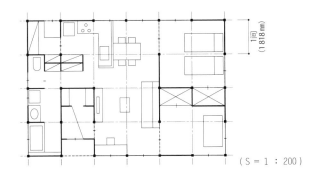

（S = 1：200）

如果设置成 3 尺网格（909 mm）的话，虽然在平面上变得宽松，但损害了与框架的一致性、明柱墙的框架美，所以尽可能由 1 间网格构成，一部分可以利用 3 尺网格。例如，欲在 6 张榻榻米大的和室中设置壁橱和壁龛，打造相当于 8 张榻榻米大的空间，在 4.5 张榻榻米大的房间中设置两个小房间，可以用 3 间宽度的 1 间网格进行设计。

步骤 2 为了使大梁的长度不超过 2 间，在网格的交点处设置柱子，寻求房间布局与框架的一致性

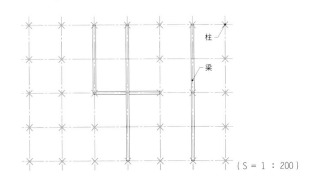

（S = 1：200）

原则是，外围部分以 1 间的间隔设柱，采用搭接的方式合理地安设大梁。内部在必要的大空间（没有设置柱子）部分架设大梁，图中横跨 2 间的大梁使用 6 根，其他的大梁则只横跨 1 间，这样可以减少材料所占的体积。

步骤 3 统一 2 楼和 1 楼的网格，使柱子上下一致

其实，如果将房间内所有的柱子按照常规，对上下层进行一一对齐，并且整齐排列的话，那么因为立柱的遮挡，就会造成空间比较局促的感觉。因此，上下层房间的立柱不用完全一致，这样才能够让上下层房屋内的空间得到充分利用，而且还有利于上下层空间的整合。

1 楼平面图（S = 1：200）　　2 楼平面图（1：200）

原则 4　将 2 楼纳入矩形之中

因为是在 2 楼之上搭设屋顶，所以从构思屋顶的外形开始，进行 2 楼的房间布局。为了将 2 楼屋顶设置成大且形状简单的屋顶，将 2 楼设置成矩形很重要。

步骤 1　由 2 楼必要的居室和房间布局系数决定 2 楼的面积

$$\boxed{\text{卧室 } 6 \text{ 张榻榻米}} + \boxed{\text{儿童房间 } 6 \text{ 张榻榻米}} \times 2 = \boxed{18 \text{ 张榻榻米 (=9 坪)}}$$

A. 充分保留挑高和储藏室：房间布局系数 **1.8**
$$9 \times 1.8 = 16.2 \text{ 坪} \approx 53.5 \text{ m}^2$$

B. 根据最小限度的宽裕而设计：房间布局系数 **1.6**
$$9 \times 1.6 = 14.4 \text{ 坪} \approx 47.5 \text{ m}^2$$

步骤 2　必要的面积决定 2 楼的外形，据此进行房间布局

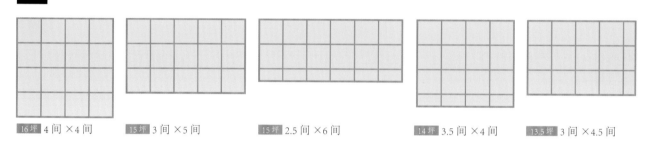

16 坪 4 间 × 4 间　　**15 坪** 3 间 × 5 间　　**15 坪** 2.5 间 × 6 间　　**14 坪** 3.5 间 × 4 间　　**13.5 坪** 3 间 × 4.5 间

步骤 3　以固定样式为基础，决定 2 楼的房间布局

2 楼没有院子和与道路的连接处，也不受地基条件约束，容易做出相似的房间布局。如果记住几个样式的话，也有可能直接移入 1 楼的房间布局。

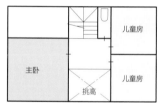

1 挑高设置在南面正中央

儿童房的一边采光不好，因此将两个房间设置成一体，开设楣窗

2 卧室面南

在北侧的挑高之下设置 1 楼的客厅和餐厅

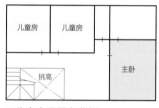

3 儿童房设置在北侧

朝北的儿童间连接着挑高和大厅，既显得宽敞，又具有很好的采光条件

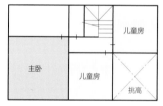

4 挑高设置在东南角

通过挑高，将儿童房与 1 楼的客厅、餐厅相连

原则 5　在整体 2 层 + 侧屋的基础上考虑房间布局

不是在 1 楼的上面直接设置 2 楼，而是在与 2 楼结构一致的基础上加设侧屋，这才是正确的构造方法。原则上空间宽阔的 1 楼，能做出更加舒适的房间布局。

步骤 1　设于 2 楼正下方的 1 楼的平面图

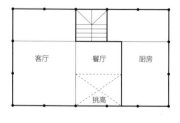

1 楼平面图（S = 1：200）

将 2 楼外围的柱子原封不动地放置在 1 层，可以将垂直方向的荷载合理地传递到地面。因此，在 2 楼正下方的规划上，原则上每隔 1 间设柱。这样的话，就没办法将客厅、餐厅与和室等放置在 2 楼正下方，需要通过在外围加设侧屋解决这个问题。

步骤 2　保留庭院的同时配置侧屋

1 楼平面图（S = 1：200）

无法放置在 2 楼正下方的各个房间，一面要考虑道路或邻地的关系，一面在地基内留出庭院、服务场地、门廊、车库等空白来规划房间布局。虽然在步骤上是最后一步，但在决定 2 楼正下面的空间之前，进行某种程度的规划还是有必要的。

原则6 通过"房间"的连续性营造空间感

开放式的日本住宅，出现了连续使用多个房间以及将空间用于多个目的的情况。有了这样的思考方式，即使整体面积不是很大，也能住得宽敞。

想法1 连接各个房间

设置成开放式房间，尽可能地连接其他的房间。即使一个房间只有6张榻榻米大，但如果3个房间连在一起的话，就可以得到18张榻榻米大的宽敞房间。但是要划分出玄关、更衣室、浴室、夫妻卧室等，以及其他私密的房间

1楼平面图（S＝1：200）

想法2 将榻榻米的房间设置成与LD连接的房间

如果和室设置成封闭式的话，有可能成为不被使用的房间。设置成与客厅、餐厅等连接的空间，增加1个家庭居住的场所。如图，这是一个结合餐厅和放置了榻榻米的客厅的例子

想法3 LD一定要相连

吃饭时家人都会聚到餐厅，但聚会时并不一定都聚集在客厅。划分场地，一边做点其他的事情，一边"若无其事"地交谈，这样客厅、餐厅成为连贯的空间

原则7 用楼梯、挑高营造立体、开阔的空间

生活是由连续的移动构成的，即使人一动不动，视线也在移动。无论在哪里，水平方向和垂直方向的移动，都会在立体、开阔的住宅中孕育出动感

想法1 楼梯从1楼客厅延续到2楼公共空间

在玄关处设置楼梯的话，2楼（个人空间）就会直接与外部相连。经过1楼的家庭空间然后爬到2楼，2楼的起点也试图成为像共用空间一样的地方

决定1楼楼梯位置的工作是最难的。假设2楼房间布局与1楼不符合的话，从2楼开始修改

即使是小的挑高，与楼梯设置成一体的话，也能产生强烈的宽敞感

2楼平面图（S＝1：200）

想法2 挑高被积极地设置在LD的上面

挑高的优点是：房屋即使被划分为1楼和2楼，也能感受到家庭的气息。因此，在2楼设置了家庭共用的空间，形成与1楼客厅和餐厅的立体连接

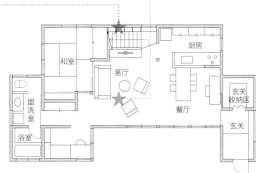

1楼平面图（S＝1：200）

原则8 减少走廊

减少走廊的一个目的是，设置通风良好的房间布局，从而让家人健康地生活。另一个目的是不分隔生活的场景，打造家庭成员能互相接触、交流的空间。

想法1 减少单人房间，打造宽阔空间

在走廊（活动路线）里，不是"房间"与"房间"相连的旅馆般的房间布局，而是连接"房间"形成大的宽阔空间。这仅限于明确需要走廊的地方

想法2 极力缩短走廊

在设置了洗浴间和卧室、儿童房的场所，虽然走廊是必要的，将洗浴间，即厕所、盥洗室、浴室3点作为一个单元考虑的话，即可缩短走廊的长度

想法3 赋予走廊新的用途

加大走廊的宽度，将走廊作为学习角或娱乐场所，"走廊"的概念就会被淡化。2楼走廊作为挑高的一部分，实现了通向洗浴设施的动线的共用空间化

2楼平面图（S＝1：200）

原则9　打造开口处的通风道

隔热、气密性能高的现代住宅，在冬天非常耐寒，而在夏天如果不使用空调设备，则要绝对确保通风。有必要向前辈们了解日本的住宅为什么是开放式的构造。

想法1　内部开口处原则上设置为拉门

与门一直关着这一常态对应的另一常态是，拉门时开时关。使用拉门的话，可以打造房间和房间之间连续的宽阔空间，而且能促进建筑内部的通风

想法2　配置通风性能好的窗户

根据风向的地域性特点，从南到北、从西到东横贯建筑物打造通风的通道。在南北通风向上，在北侧布置餐厅和居室等的话，优先部署通风的通道

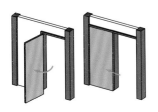

拉门的话，即使开着，也不会侵占周围的空间，也不会影响家具的放置

洗浴设施设置在住宅的北侧，将很难打开门窗，这是影响通风效果的主要原因。另外，注意不要让走廊切断内部的空间

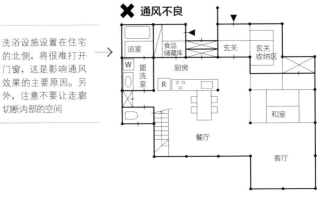

✗ 通风不良

○ 通风良好

1楼平面图（S＝1：200）　　2楼平面图（S＝1：200）

原则10　设计屋顶和开口处的外观

屋顶在房间布局的过程中起着决定性作用，涉及素材、斜度、流向等许多的设计要素。进行房间布局时，不仅要考虑开口处与室内的协调，也要考虑从外侧看的效果。

2楼平面图（S＝1：200）

想法1　2楼屋顶形状的简单化

将2楼屋顶形状简单化，可以增强与相邻住宅的协调感。虽然只有1栋的话这并不成立，但要从它是景观的一部分的角度来思考的话，住宅的外观并不只是施工方的事情

南立面图（S＝1：200）

想法3　开口处张弛有度是很重要的

开口处，大面开口的地方、设置墙壁的地方要张弛有度。因此，小幅面的窗户连续排列，可以视为一体。相邻窗户的高度，以及1楼和2楼的相同位置窗户的宽度要保持一致，这也是很重要的

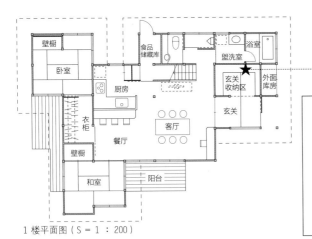

1楼平面图（S＝1：200）

想法2　将侧屋集中布置在一处

将玄关、玄关收纳、盥洗室、浴室统合在一处，形成13平方米大的侧屋的话，该侧屋便是与整体二层建筑平衡的宽阔的侧屋。仅有玄关、浴室这样间隔、零散地摆放的阁楼时外观也是很不美观的

住宅设计事务所考虑的 "育儿之家"

各个角落都考虑到对孩子的教育的房间布局

景山住宅的房间布局案例

2楼平面图（S = 1：150）

1 大型柜台桌和书架
2 设置在卫生间旁边的书架
3 与孩子一同成长的儿童房

1楼平面图（S = 1：150）

4 收纳空间充裕的"宽阔而整洁的玄关"
5 放置字典和书的"无处不在的书架"
6 放置图鉴、字典、地球仪的电视搁板
7 儿童钟
8 大型餐厅桌
9 能看到朝阳的餐厅
10 大型柜台桌和书架

最能反映近年来住宅的趋势的是，积水住宅（积水化学工业）的"景山模型"。景山模型是将立命馆大学教授阴山英男的儿童教育房间应用在住宅结构中的房间布局。阴山英男被誉为幼儿、儿童教育的第一人，因"百算卡"而闻名。积水住宅被贴上了"贤明地教育孩子的住宅"的标签，这也是支持积水住宅的住宅结构的最大支柱。

阴山氏的想法整合了"百算卡老师住宅的建议"。以这个想法为基础，一楼由开放的 LDK 空间、榻榻米房间和凸窗构成。餐厅横向设置大型柜台桌，并没有将其放在儿童房中，这张桌子可供孩子们学习使用。对于孩子来说，若幼小的时候有被父母守护着的安心感，则更能集中注意力放松地学习。客厅采用横向布置，可以放置图鉴、字典、孩子们的作品和家人的照片。在卫生间也设置了书架，以便在想了解事物时立刻查阅。

厨房推荐面对面式的，这样可以与在客厅、榻榻米房间的孩子互动交流。拉门被用来分隔作为孩子的娱乐场所的榻榻米房间，在来客人的时候可以隐藏零乱的玩具。在榻榻米房间的一角设置了儿童钟，考虑让孩子养成收拾身边物品的习惯。

2 楼的儿童房被设置成开放式的大空间，这可以应对在儿童的不同成长阶段相应地分隔房间的变化。与 LDK 相连的楼梯的爬升空间中，设置与儿童房不同的学习角落，孩子一边感受家庭的氛围，一边安心地学习。另外，建议在 1 楼和 2 楼的卫生间设置折叠式的书架，这样可以一边读书，一边慢慢地使用卫生间，对激发学习欲望、增进健康有益。

考虑房间布局的可变性和活动路线计划

景山模型考虑了使用的便利性。

儿童房在建造之初被设计为大空间，而随着孩子们的成长，用移动式间隔墙和收纳区来划分房间。将来如果不再需要儿童房，可以拆除隔板墙，将其改装成夫妇喜欢的房间。另外，在由玄关到浴室的洗浴设施、厨房的家具，以及客厅 / 餐厅的主导线等动线设计方面也要仔细思考。

（田中直辉）

在餐厅的旁边设置的、供孩子们学习用的柜台书桌

设置在榻榻米空间里的、收纳孩子的玩具的"儿童收纳间"

在儿童房设置的可移动式间隔墙和收纳区。它们常常被设计成可折叠式的，容易拆除

出处：积水住宅的官网

倾听与设计是走向成功的重要一步

在方案中很重要的是，反映业主的期望。因此倾听和设计是十分重要的。
在这里，按照实际的顺序，说明它的关键点。

步骤 1 倾听业主想法前要了解的 3 个确认事项

如果事前了解以下信息的话，就会形成对建筑的大致印象，在倾听业主方面可以先发制人。事前了解信息的话，在倾听的最初阶段进行确认就可以，日后也有确认用地的情况

A. 对预算的了解

根据预算决定建筑物的规模（地板面积）。特别在建筑公司/建设者的设计、施工方面，关于样式和结构方法等过去的案例有很多，这样估算地板面积基本上不会有太大偏离。

B. 对用地和法律规定的了解

根据用地的面积、形状、方位、建筑密度、容积率、斜线限制以及其他法律的规定，决定被建造建筑物的大小和形状。对于城市中的狭小地皮，这是特别重要的信息。

C. 对周边环境的了解

对于采光条件、邻家的配置、窗的位置和地基的高低差等，不看到实际的建筑用地就不会知道这些。建筑用地周边地区的居住环境和街道、适合眺望的方向等也是设计的依据。

根据用地情况，设想建筑物规模、形状，并听取意见

步骤 2 业主的确认事项和步骤

听取业主的要求并把其写在意见簿的情况有很多，但不知道在意见簿上的东西是否就是他们真正想要的。设计者要与业主会面，听取业主对生活方式和住所的看法。

1. 家庭构成

从单纯地了解是谁居住房子开始，孩子的年龄和性别将影响孩子房间的建造方法，所以这是很重要的。想降低内侧高度时，了解每个人身高的情况也是有的。

2. 对住所的基本想法

这与后面提到的"生活方式"有关，首先了解家庭的定位。以养育孩子为生活中心的住宅，与还没有养育孩子只有大人生活的住宅，在风格上有很大的不同。

3. 家人的生活方式

从家人共同度过的时间和地点方面来考虑客厅和餐厅的设计方法。要了解饭后的时间以及其他的时间是在哪里以及如何度过的。平日和假日的度过方式也是存在差异的。

4. 个人的生活

作为决定个人使用空间时的参考。要询问是否需要特别的空间、想要收纳特殊的物品等。其他方面，可以通过询问工作、兴趣、爱好等，进行更深层次的交流。

5. 对儿童房的想法 / 育儿

有必要倾听有关父母和子女的交流方面的想法，并将其反映在儿童房的设计方法上。也有随着孩子成长相应地划分房间的方法和从孩子小时候就开始好好规划房间的情况。

6. 对房间的具体要求

业主所希望的房间及其大小，也是无法忽视的部分。在设置这个房间是否必要，以及它的大小是否必要等方面，从专业的眼光提供建议的情况也不少。对放入的包括家具在内的物品等的尺寸一定要进行确认。

7. 今后的家庭结构的变化

5 年后、10 年后、30 年后的家庭会变成什么样子？特别要确认一下，孩子长大后，关于孩子房间怎么利用的问题。另外也要确认是与父母生活在一起还是自己独居的晚年生活方式等。

将结果记入备忘录或问卷

对询问结果进行记录和分析的要点

作为询问的事前准备，将容易进行预先分析的内容总结后写在意见簿上是有效的。在这里，从步骤2的确认事项中，挑出重要的内容进行说明。

分析的要点

1. 关于住所的基本想法

□家人能切身感受到的布置大方的空间的房间布局
□重视各人生活、独立性很高的房间布局
□佛事或客人很多的，从客厅划分出接待空间

这与家庭构成等部分密切相关。以养育孩子为生活中心的住宅，采用布置大方的房间；没有孩子只有大人居住的住宅，采用独立性高的房间；建造亲属聚会多的"本屋"的话，采用以客厅优先的房间。但是，根据不同的人，在他们中间也有这样的情况，从与业主之间的谈话中探寻。

2. 家庭的生活方式

◎询问平日和假日里家庭的生活状况
□不仅是吃饭时间，还有家庭一起度过的时间有很多
□吃饭时大家一起吃，而饭后则在各自的房间中度过
□吃饭时家人几乎没有聚齐
◎关于地板座和椅子座
□吃饭时坐在椅子上围着饭桌，饭后坐在沙发上打发时间
□吃饭时坐在坐垫上，围在矮桌子周围，饭后则坐在地板上或躺下等

带给家庭空间设计方法决定性差异的是，地板座与椅子座的使用区别。现在的住宅中，由于空间狭小没有放置沙发，但盖房子的话，想放置沙发，这样的想法也是有的，也有几乎不使用沙发，想要放置地板座等，因此一边对比现在的生活方式与今后的生活方式一边询问的话更好。

3. 个人的生活

男主人：回家后在哪里以及干什么，节假日又会怎么度过，有什么兴趣爱好等
[   ]

女主人：在工作，或者整日宅在家里，有什么兴趣爱好或今后有什么想要做的事情等
[   ]

孩子：回家后在哪里以及干什么，节假日是否在家，有什么社团活动、兴趣等
[   ]

室内的特别空间是否有必要，不仅仅从希望还要从实际生活进行探索。比如用作书房的单间是否必要，起居室的一角安放柜台是否够用。另外也确认一下因爱好和社团活动等拥有的大型道具、服装的多少等，以及收纳东西的量。

4. 对房间的具体要求

所希望的房间及其大小：因为预算决定总面积，所以其始终作为大致的基准 [   ]

设备的框架：使用煤气还是使用电，采取何种取暖方式，是否采用太阳能发电 [   ]

询问业主所希望房间的大小虽然是件普通的事情，但对"家的大小"的把握要在正确运用P10的原则1的同时在现场计算住宅面积，立刻回答的话非常好。设计建议的阶段"因为没有考虑进房间布局使其变小了"从而使业主失望了。掌握从设备信息到厨房的规格、冷气和暖气器具的设置空间以及管道的路线等。

将业主的要求划分优先顺序

在询问中，有几个互相矛盾的且并不重要的要求的话，当场确认其优先度。仅仅收到问卷的情况下，就会做出因为无法了解其优先顺序，从而导致无法满足业主的要求的方案。业户给出了很多要求的话，在阶段3中附加优先顺序也是很有趣的。实际上，要充分理解"舍弃是很重要的"，要找出业主真正追求的事物。

不要询问不必要的事情

另外关于向业主的询问，以笔者的经验来看最重要的是不要过于询问不必要的方面。特别是由业主填写问卷的形式，详细记载询问事项的多个分支的话，业主就不会思考太多而写进笔记。结果，要求变得过多的话，设计就会没有重点，得不到合适的方案。仅仅向业主询问优先度高且最根本的问题。这样才能做出容易发挥设计能力、业主也能采纳的空间布局。

以询问的内容为基础
考虑设计方案

在询问业主的基础上，考虑优先度整理业主的要求以及占地条件，进行规划。应该怎么计划，以及如何体现实际的要求，希望您从这个平面图中获取答案。

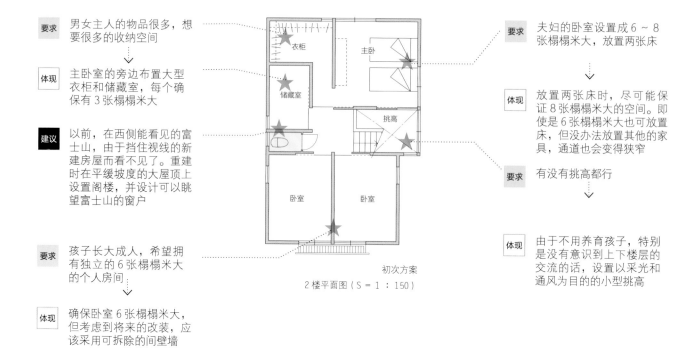

要求 男女主人的物品很多，想要很多的收纳空间

体现 主卧室的旁边布置大型衣柜和储藏室，每个确保有 3 张榻榻米大

建议 以前，在西侧能看见的富士山，由于挡住视线的新建房屋而看不见了。重建时在平缓坡度的大屋顶上设置阁楼，并设计可以眺望富士山的窗户

要求 孩子长大成人，希望拥有独立的 6 张榻榻米大的个人房间

体现 确保卧室 6 张榻榻米大，但考虑到将来的改装，应该采用可拆除的间壁墙

要求 夫妇的卧室设置成 6 ~ 8 张榻榻米大，放置两张床

体现 放置两张床时，尽可能保证 8 张榻榻米大的空间。即使是 6 张榻榻米大也可放置床，但没办法放置其他的家具，通道也会变得狭窄

要求 有没有挑高都行

体现 由于不用养育孩子，特别是没有意识到上下楼层的交流的话，设置以采光和通风为目的的小型挑高

初次方案

2 楼平面图（ S ＝ 1 ：150 ）

不仅用平面图，还用透视图和剖视图说明外形和空间

在建筑用地的调查和询问的基础上，探讨设计方案。制作（房间布局）平面图。除非形状简单的住宅，否则下次与业主会面的时候可作为说明的资料，但是只有平面图是不充分的。

准备平面图以外的冲击视觉的透视图和模型。业主并不是专家，基本上没有从二次元的平面图和外观图读出三次元的空间的人。

使用透视图和模型的话，从外观可以了解建筑的体积感和屋顶的形状。确认窗户的位置和高度。室内可以表现出房屋连续整体的效果以及看外面时的景色，给人留下平面图无法表现出的宽阔空间的印象。

模型弥补了想象力的不足，更容易看懂，但也有难以理解抽象的白色模型的人。据说透视图和 3D 影像是即使一般的人都能理解的工具。但事实上无论制作哪个都需要花费功夫。没有足够时间的话，建议描绘剖视图。另外，加入人物和景点描绘的方案，使人容易理解它的尺度，又给画面添加了动感，表现出空间的魅力。

对说明笔记进行重新分析

在说明中，在提出计划的同时，设计者应就如何满足业主的要求，以及提出什么样的方案进行说明。最好是设计者本人口头解说。

但是，当场采纳提出的计划的业主很少，带回去重新阅读计划的情况很多。或者说向家属和亲属（特别是资金提供人等）进行说明的情况也是有的。

虽然是口头解说，但将关键点写到说明笔记上，容易理解。在随后的阅读时，也很容易理解。

不要仅仅单方面地说明，还要倾听业主的意见

虽然信心十足地提出计划，给予业主安心感，但尊重来自业主的感想和要求也是很重要的。

也有积极地说出意见的人。对于这样的业主，不要强行灌输自己的意见，根据情况，不要固执于最初的计划，应变更计划，寻求柔性应对。 （岸未希亚）

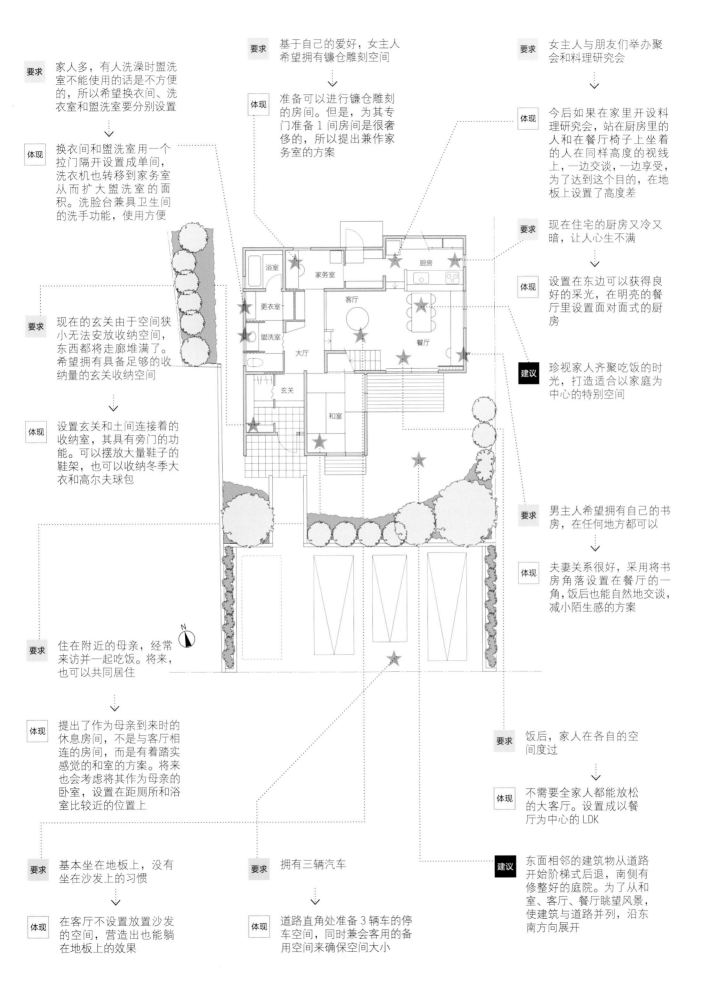

要求 家人多，有人洗澡时盥洗室不能使用的话是不方便的，所以希望换衣间、洗衣室和盥洗室要分别设置

体现 换衣间和盥洗室用一个拉门隔开设置成单间，洗衣机也转移到家务室从而扩大盥洗室的面积。洗脸台兼具卫生间的洗手功能，使用方便

要求 基于自己的爱好，女主人希望拥有镰仓雕刻空间

体现 准备可以进行镰仓雕刻的房间。但是，为其专门准备1间房间是很奢侈的，所以提出兼作家务室的方案

要求 女主人与朋友们举办聚会和料理研究会

体现 今后如果在家里开设料理研究会，站在厨房里的人和在餐厅椅子上坐着的人在同样高度的视线上，一边交谈，一边享受，为了达到这个目的，在地板上设置了高度差

要求 现在住宅的厨房又冷又暗，让人心生不满

体现 设置在东边可以获得良好的采光，在明亮的餐厅里设置面对面式的厨房

要求 现在的玄关由于空间狭小无法安放收纳空间，东西都将走廊堆满了。希望拥有具备足够的收纳量的玄关收纳空间

体现 设置玄关和土间连接着的收纳室，其具有旁门的功能。可以摆放大量鞋子的鞋架，也可以收纳冬季大衣和高尔夫球包

建议 珍视家人齐聚吃饭的时光，打造适合以家庭为中心的特别空间

要求 男主人希望拥有自己的书房，在任何地方都可以

体现 夫妻关系很好，采用将书房角落设置在餐厅的一角，饭后也能自然地交谈，减小陌生感的方案

要求 住在附近的母亲，经常来访并一起吃饭。将来，也可以共同居住

体现 提出了作为母亲到来时的休息房间，不是与客厅相连的房间，而是有着踏实感觉的和室的方案。将来也会考虑将其作为母亲的卧室，设置在距厕所和浴室比较近的位置上

要求 饭后，家人在各自的空间度过

体现 不需要全家人都能放松的大客厅。设置成以餐厅为中心的LDK

要求 基本坐在地板上，没有坐在沙发上的习惯

体现 在客厅不设置放置沙发的空间，营造出也能躺在地板上的效果

要求 拥有三辆汽车

体现 道路直角处准备3辆车的停车空间，同时兼会客用的备用空间来确保空间大小

建议 东面相邻的建筑物从道路开始阶梯式后退，南侧有修整好的庭院。为了从和室、客厅、餐厅眺望风景，使建筑与道路并列，沿东南方向展开

浴室　家务室　厨房
更衣室　客厅
盥洗室
大厅　　餐厅
玄关　和室

善于总结业主对方案的变更要求

为了确定最终的方案，需要客观地看待最初方案。利用符合业主要求的应对方案和规划，介绍让业主满意的具体例子。

（岸未希亚）

步骤 1　业主对最初方案的要求

在这个阶段给人留下乐于接受具体的建议的印象。因为切实的要求也许会很多，尽量准确地听取业主的要求是很重要的。

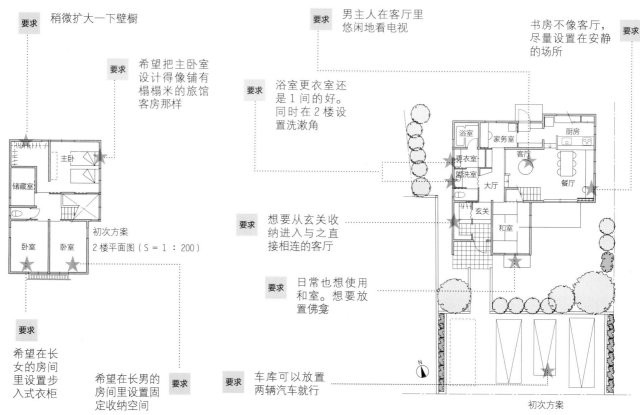

要求 稍微扩大一下壁橱

要求 希望把主卧室设计得像铺有榻榻米的旅馆客房那样

要求 希望在长女的房间里设置步入式衣柜

要求 希望在长男的房间里设置固定收纳空间

初次方案　2楼平面图（S＝1：200）

要求 男主人在客厅里悠闲地看电视

要求 浴室更衣室还是1间的好。同时在2楼设置洗漱角

要求 想要从玄关收纳进入与之直接相连的客厅

要求 日常也想使用和室。想要放置佛龛

要求 车库可以放置两辆汽车就行

要求 书房不像客厅，尽量设置在安静的场所

初次方案　1楼平面图（S＝1：200）

修改计划直到业主采纳为止，这样的情况也是常有的。但有时改正很多次才得以完成的住宅，与其说走样，倒不如说是失去了当初方案具有的光辉。因此在最初的演示中要有相应的准备和决心。

尽管那样，如果有为业主仔细考虑的地方，方案就会被接受。判断业主询问的内容，如果只是给整个方案带来微小影响的变更，就在业主的面前修改。如果业主有富裕的时间，就拿回去从头开始仔细研究，但现场解决并询问意见更有意义。

询问业主时在计划存在误解和业主追加的要求方面，重新研究整个计划，而不是抛开最初的计划在全新的状态下进行研究。那时如果有新计划的想法，宣布分区规划的方法也是很好的。寻求与业主共同的意向，提高下个方案被顺利接受的可能性。

业主采纳方案后开始发挥想象力。虽然选择最初的方案是不现实的，但有可能最终决定选用第二次方案。

（岸未希亚）

协调新的要求，确定最终计划

因为不能实现所有的要求，所以用职业的眼光来取舍。调整左页的要求，落实最终方案。

要求

体现 **多用途的和室**
配置了佛龛，通过观景拉窗可以眺望北面的庭院。沉稳大气的和室，如果拉上拉门，就会成为与LDK一体的大空间，通风效果好

要求

体现 **玄关和兼具与土间连接的旁门的收纳室**
规划了在有衣架、鞋架的收纳室中脱鞋，然后进入客厅的活动路线。不在玄关里摆放家人的鞋子，无论何时都让人感到非常整洁

要求

体现 **能舒适地看电视并设置了暖炉的客厅**
看电视时可躺在地板上滚来滚去，地板上还放置了坐在地板上可以放松地放下脚的被炉。矮桌可以收纳到地板下面

体现 **循环的活动路线和女主人的独有空间**
在连接厨房和盥洗室的活动路线上，设置了兼顾家务和兴趣的镰仓雕刻室以及柜台食品储藏库，规划了做家务的活动路线

要求

体现 **停车车辆数减少、空间扩大的庭院**
也利用了连接现有房屋的车库。基于室内的景色，扩大了庭院，而通道作为庭院的一部分，给庭院带来了变化

最终方案
1楼平面图（S = 1 : 200）

体现 **在面向庭院、采光好的地方设置的餐厅**
作为家人团聚的中心，接待朋友共度愉快时光的餐厅是方案的主角，营造了使用毛胚底板装饰天花板的舒适空间。餐厅对面的厨房也很明亮，风景也不错

2楼方案在下一页 ⟶

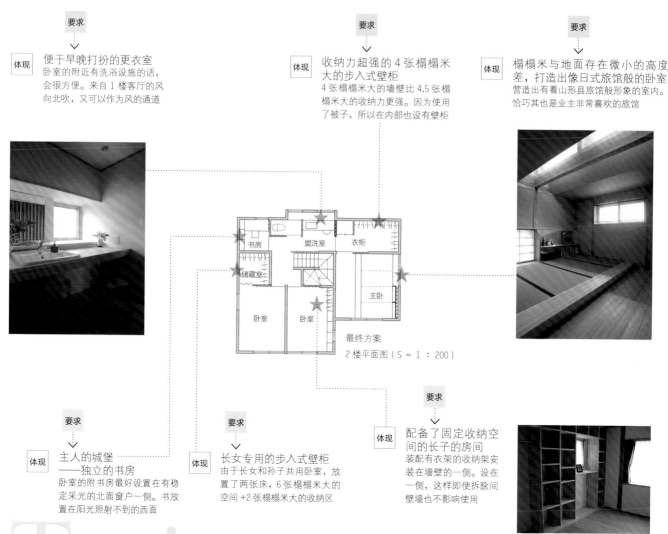

要求

体现 便于早晚打扮的更衣室
卧室的附近有洗浴设施的话，会很方便。来自1楼客厅的风向北吹，又可以作为风的通道

要求

体现 收纳力超强的4张榻榻米大的步入式壁柜
4张榻榻米大的墙壁比4.5张榻榻米大的收纳力更强。因为使用了被子，所以在内部也设有壁柜

要求

体现 榻榻米与地面存在微小的高度差，打造出像日式旅馆般的卧室
营造出有着山形县旅馆般形象的室内。恰巧其也是业主非常喜欢的旅馆

书房　盥洗室　衣柜

储藏室　主卧

卧室　卧室

最终方案
2楼平面图（S = 1：200）

要求

体现 主人的城堡
——独立的书房
卧室的附书房最好设置在有稳定采光的北面窗户一侧。书放置在阳光照射不到的西面

要求

体现 长女专用的步入式壁柜
由于长女和孙子共用卧室，放置了两张床，6张榻榻米大的空间 +2张榻榻米大的收纳区

要求

体现 配备了固定收纳空间的长子的房间
装配有衣架的收纳架安装在墙壁的一侧。设在一侧，这样即使拆除间壁墙也不影响使用

Topics

住宅设计事务所的日式现代风格的房间布局

近年来，作为房地产公司的设计潮流，"日式（和式）现代风格"受到推崇。这不只包含外观上的特征，也包含了规划和装饰的变化。

那么为什么现在在住宅设计事务所中日式现代风格会被关注呢？那是因为，在规划中，具有走廊和土间等中间领域的日本传统住宅较容易建立外部和内部的联系。特别是在实现了不依靠设备的节能而舒适生活的基础上，日式现代风格的流行不无道理。

例如，9月发售的积水钢结构独立住宅"BE公司＋Sai＋e（B＋Sai＋e）"。这个作品，充分展现了和式风格的外观，深深地伸出的屋檐，防止夏天的阳光直接照入居室内。另外，其充分发挥钢结构的优势，采用最大幅度6米的大开口，营造出开放式的空间。加之建筑物外部的庭院和栽植的植物，给人留下更加整洁的印象。

考虑到通风、采光，装入拉窗、格子门和格窗等。在装入这些传统的门窗隔扇和装饰的基础上，日式现代风格的设计是最合适的。（田中直辉）

日式房间中设置了多块通风屏风

屋檐向外伸出的部分尺度较大，可以有效遮挡阳光

第2章

俘获房主的芳心

房间布局、活动路线、收纳技巧

必须切实落实设计的重心。

特别要注意收纳等房主较为关心的地方。

房间活动路线的设计，有可能在整体大方向上影响房间的主体风格，

所以设计的时候要格外注意。

本章将针对这些问题，分 7 个小节进行详细说明。

连接、引入、分隔
小型 LDK 的法则

作为住宅的传统商品 LDK，最近被划分为餐厅和客厅。
从生活上考虑，倡导这种生活方式的人也不少。
为满足狭小用地条件与各种用途，下面将说明如何考虑建造 LDK。

优秀工务店的
满意方案 01 ## 兼作客厅的小型餐厅

已到退休年龄的夫妻和大型犬 + 中型犬生活，独身的儿子将来会与其家庭成员一起入住，这是一个可以三代同住的家。由于建造的是 3 层建筑物，为了确保日照，2 楼作为 LDK。由于房屋内分布着各种小型居所，确保了不闲置一间房且多彩的居所。

海边的山庄
设计及施工：富士太阳能住宅
家庭构成：夫妇
用地面积：99.36 m²
总面积：86.94 m²（1 楼：39.74 m²
2 楼：47.20 m² 3 楼：15.73 m²）

由于该夫妇喜爱和服，连着 2 楼的客厅设有榻榻米空间，作为日常放松的地方。而且，通过拉门和格扇隔开，保证了足够数量的单间，也可以满足来访者暂时住宿的要求

1 楼平面图（S = 1：120）

从厨房看客厅、餐厅。将天花板挑高，这样不会有压抑感

小型 DK，在对角线上设置动线，确保了视线的开阔，而且将挑高的天花板作为通风处，拓展了空间。而且，设置了连着客厅、餐厅的榻榻米空间等多样的居所，根据客人数量可以很好地制订方案

为了防止客人轻易地进入工作空间和厨房，用挑高和冰箱收纳等分隔

将 LDK 分配到 2 楼

这是一块与住宅密集地的北侧道路相连的旗杆状狭小用地。业主原本期望从日照等方面改造 2 层而使其成为主要生活楼层，但考虑到将来与业主共同居住的父亲腿脚不好，将 1 楼作为主要生活楼层是必要的。于是在 1 楼设置了餐厅、厨房，在日照良好的 2 楼设置了客厅。

Espresso Doppio
设计、施工：富士太阳能住宅
家庭构成：夫妻 + 孩子 2 人
占地面积：137.04 m²
使用面积：93.98 m²（1 楼：49.68 m²　2 楼：44.30 m²）

大型挑高确保了家庭成员之间的联系，同时也保证了 1 楼 DK 和和室的日照。为了不遮挡阳光，楼梯扶手的护板采用了透明的聚碳酸酯

兼有大型楼梯大厅功能的客厅，可以成为家庭的电影观赏场所和孩子的游乐场所

2 楼平面图（S = 1：150）

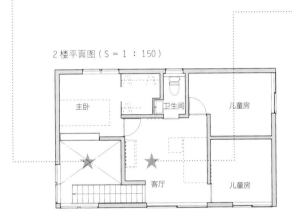

主卧　卫生间　儿童房
客厅　儿童房

1 楼平面图（S = 1：150）

厨房　玄关　收纳区
厕所　浴室
走廊
盥洗室
餐厅　和室
储藏室
阳台
邻地分界线

餐厅是这个家的主要空间。家庭成员在这里用餐

从厨房看餐厅。由于引入了左侧和室的门扇，餐厅不会有闭塞感，反而会有很大的空间

在小居室中加入阳台

用地面积 70 平方米。为了在有限的用地中打造丰富的空间，要重视中间领域的连接。为了隐藏作为东京中心部的障碍物的毗连建造物，配有一些盆栽，从室内看的话，有一些街景的感觉。

M 住宅
设计、施工：冈庭建设
家庭构成：夫妇 + 孩子 1 人
用地面积：70.20 m²
总面积：56.72 m²（1 楼：29.81 m² 2 楼：26.91 m²）

1 楼平面图（S = 1：150）

厨房
餐厅
客厅
木质阳台

不设置餐厅桌子，用柜台代替，可以更有效地利用小型 DK

从 LDK 连接前厅平台，会有视觉上的宽阔感，遮盖了小型 LD 空间的狭窄。通过扩大开口部、植树等计划让 1 楼更加敞亮

拥有多种功能的餐厅、客厅，成为家庭的聚集场所，是这个方案的中心。由于是稍稍高些的空间，成为了"座式"的空间，也催生了用于吃饭和放松的日式生活空间。坐在稍稍高些的楼梯部分，通过门厅可以眺望外面的景色。

K 住宅
设计、施工：冈庭建设
家庭构成：夫妇 + 孩子 3 人
用地面积：77.31 m²
总面积：61.28 m²（1 楼：31.88 m² 2 楼：29.40 m²）

1 楼平面图（S = 1：150）

厕所
浴室
厨房
客厅 餐厅
玄关
阳台

由于设有前厅，增加了视觉上的宽阔感，也可以作为客厅的延伸部分使用

LD 兼有吃饭和休闲的功能。而且，由于从客厅出来 LD 的地面稍稍高些，在厨房里的人和坐在餐厅椅子上的人的视线高度大致相同，增强了人们之间的联系

在小居室中设置茶室

这是一座 60 多平方米的稍小的建筑住宅。由于很难确保房间数和宽阔度，多使用拉门与嵌入式门窗，房间也兼有其他功能，有效地利用了空间，同时让空间看起来更宽阔。即使在这种房屋内，也设有和室和餐厅等各种用途的房间。

根岸的家
设计、施工：田中工务店
家庭构成：夫妇 + 孩子 2 人
用地面积：61.90 m²
总面积：81.90 m²（1 楼：31.95 m²
2 楼：31.14 m²　3 楼：18.81 m²）

6 张榻榻米大的 DK 有点小，但为了营造出宽敞感，设置了固定式家具和厨房等。而且，在餐厅为了满足人数上的需求，准备了空间足够大的桌子

在 1800 毫米的开口部分设置了壁橱和厨房。通过在楼梯一侧的墙上设置壁橱，确保了烹饪空间

1 楼平面图（S = 1：120）

卫生间　挑高
大厅
餐厅
厨房
起居室
阳台
N

通常作为连接 DK 的茶室使用，可减弱 DK 的闭塞感。用门窗分割的话也可以作为客厅使用

倾听和设计是走向
成功的重要一步

简单来说，虽说是 LDK，但是根据客厅、就餐、厨房的关联方式，它的结构会有很大的差异。
这里将介绍 7 种经典的样式。对于业主来说，什么样的样式才是合适的，希望可以以此作为参考。
（胜见纪子）

 样式
1

独立型厨房和客厅、餐厅

有关 LDK 的想法
兼具吃饭和休憩功能的大厅，与作为一个房间
而独立的厨房，两者通过门实现分隔、连接的
LDK

 优点

· 保证安静的 LD 空间
· 设备齐全的"厨房"

 缺点

· 配餐和后续清理稍有不便
· 厨房工作容易变得孤立

客厅、厨房即使共用同
一个空间也足够宽敞的
话，在各自的地方也能
获得安静

在水槽前不设置悬
挂壁橱，而设置可
眺望院子的大窗户，
消除"北边厨房暗
淡"的印象

（S = 1 ： 120）

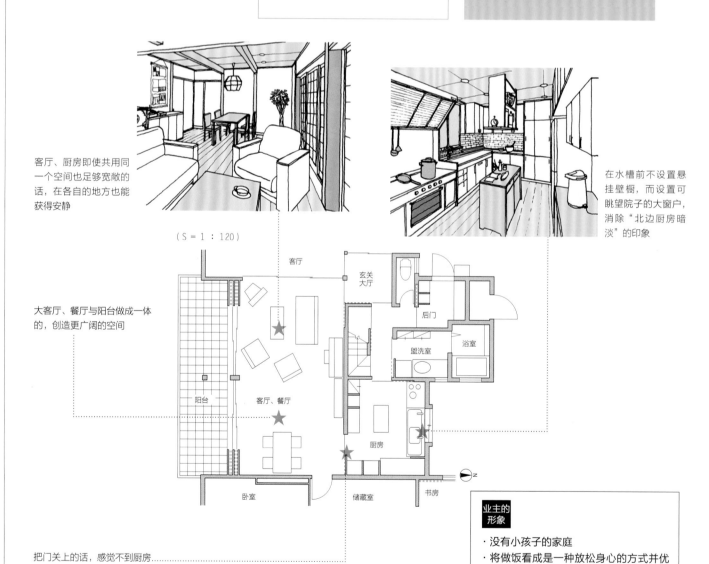

大客厅、餐厅与阳台做成一体
的，创造更广阔的空间

把门关上的话，感觉不到厨房
的存在

客厅

玄关
大厅

后门

盥洗室

浴室

阳台

客厅、餐厅

厨房

卧室

储藏室

书房

业主的
形象

· 没有小孩子的家庭
· 将做饭看成是一种放松身心的方式并优
先考虑安静的家庭
· 来访的客人比较多的家庭

样式 2　面对面式厨房以及客厅、餐厅

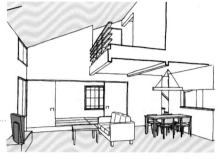

优点

· 在厨房工作时可以看到 LD
· 能够隐藏手边杂乱的东西

缺点

· 厨房的气味、声音、热气也能到达 LD
· 制作食物的人和享用食物的人容易固定下来，不太愿意移动

通过柜台可以隐藏手边的东西，通过设置悬挂壁橱，即使是面对面式厨房，也能保证某种程度的独立性。另一方面，要增强与餐厅的一体感的话，不要设置悬挂壁橱，要降低柜台的高度

有关 LDK 的想法

这是厨房的面对面式柜台前摆放餐桌，延长线上连接客厅的标准方案。昔日的餐厅、厨房分离，厨房摆放在客厅、餐厅（LD）的一角。该方案与形状简单、紧凑型的 LDK 相对应

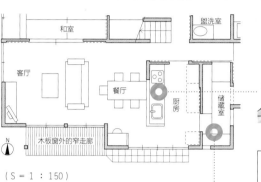

（S = 1 : 150）

恰好能将与厨房挨着的食品储藏库连接到玄关收纳室等的内部活动路线是最好的

> **业主的形象**
>
> · 有小孩子的家庭
> · 人数少的家庭

样式 3　与餐厅并排放置、与客厅面对面的厨房

有关 LDK 的想法

这是一个与厨房面对面的不是餐厅，而是通过楼梯连接客厅的例子。站在厨房的时候，映入眼帘的是客厅和客厅窗户前面的庭院。餐厅与厨房并列放置，使得配餐和饭后清理非常容易

优点

· 坐在餐桌上的人也可协助烹饪
· 很难看到厨房和餐桌的凌乱景象

缺点

· 受房间布置制约
· 容易增加面积

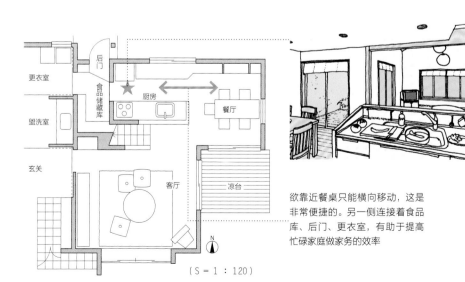

站在厨房的话，客厅、凉台、南面院子都在视野范围内。从客厅也能看到做家务时的情景。一边看电视，一边工作也是有可能的

欲靠近餐桌只能横向移动，这是非常便捷的。另一侧连接着食品库、后门、更衣室，有助于提高忙碌家庭做家务的效率

（S = 1 : 120）

> **业主的形象**
>
> · 有小孩子的家庭
> · 二代同堂的家庭
> · 客厅重视安静而厨房和餐厅则重视效率的家庭

能开关的面对面式厨房

有关 LDK 的想法

兼具开放和封闭两种特点的厨房。通道部分和对面部分各自安装有能完全开合的拉门，根据需要可以打开或关闭

优点	缺点
·配餐和善后工作容易，厨房的孤立感弱 ·通过关闭拉门，将厨房独立出来	·方案如果无法确保拉门的滑道的话，就不能实施 ·设置拉门的话，则增加成本

（S = 1 : 150）

即使作为独立厨房，确保足够宽敞也很重要

放置了宽敞的餐桌、兼具休闲功能的餐厅，通过分隔厨房的家具，进一步丰富了空间

如图所示，拉门打开的话，厨房就变为开放式厨房，拉门关闭的话，厨房就变为封闭厨房，此时餐厅则相对安静

业主的形象
·从孩子到老人的 2 代或 3 代同堂的家庭
·虽然寻求做家务的高效，但也重视安心地吃饭和团聚的家庭

具有紧凑型柜台桌的 LDK

有关 LDK 的想法

这是一个挨着面对面式厨房设置了 2 人用的桌子的方案。平时吃饭，用这张桌子就可以搞定，而慢慢地享用美食时，则使用铺有榻榻米的稍稍抬升的茶室

优点	缺点
·柜台桌准备、善后工作简单 ·柜台桌可作为餐桌使用	·桌子是固定式的，因此客厅外观的改变受到制约 ·在柜台桌上 2 人同时进餐的话，有些拘束

这是半开放型的面对面式厨房。可以看到起居室／茶室。厨房橱柜长 2400 毫米，稍显紧凑，这种设计适合人少的家庭

这是在一角设置了能简单吃饭的柜台桌的客厅。桌子与客厅的沙发以背对背的方式占据着各自的"领地"

（S = 1 : 150）

在茶室中放置矮桌，想要慢慢地吃饭的时候，在这儿就可以。因为做了些许抬升处理有了 35 厘米的高度，这样在柜台桌和客厅坐着的时候视线平齐

业主的形象
·1 人或 2 人的小家庭
·只有大人的家庭；由于生活时间的差异，独自吃饭的情况较多的家庭
·日常生活忙碌的家庭

享受烹饪的家庭的餐厅与厨房

有关 LDK 的想法

此处将餐桌放置在房间中央，水槽面向墙壁，是传统的餐厅 / 厨房，因从餐桌处将水槽和旁门一览无余，而且收纳空间少，容易杂乱等原因而不受欢迎。但是，餐桌靠近厨房营造出一体感，面向墙壁的水槽可以有效地利用墙面等，其令人难以舍弃的方面也很多。从这一点入手，将厨房和饭厅一体化，客厅稍微分开，以安静为优先原则进行配置

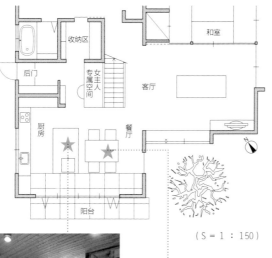

（S = 1：150）

厨房和餐桌之间，设置了配有迷你水槽的配餐台。面向水槽的人和围着餐桌吃饭的人自然而然地交流

餐厅与厨房通过垃圾口直接与阳台相连，可以享受在外面吃饭的乐趣。家务角，是后门的活动路线的起点。活动路线曲折，从与厨房相连的客厅开始，就看不到厨房杂乱的景象

优点

· 厨房和餐桌的距离近，因此配餐、清理工作变得容易
· 可以同时享受烹饪和用餐

缺点

· 从餐桌上看去厨房作业区一览无余。隐藏污物的办法是必要的
· 饭桌变成了烹调间

业主的形象

· 生活中特别重视"饮食"、想要享受做饭和吃饭过程的家庭
· 做好饭后立刻吃饭、吃完饭后立刻收拾的家庭
· 擅长做家务的家庭

大客厅和隔开的餐厅

优点

· 打开门窗时空间宽敞、开放，关闭门窗时则舒适、安静。通过开关门窗，可以享受简单的生活

缺点

· 为了使即使在隔开客厅的状态下餐厅也不显着局促，需要宽裕的面积

有关 LDK 的想法

该方案是平时敞开时为一体的客厅和餐厅，可以根据需要进行分隔而独立使用。只有 1 人进餐，或招待家庭中的一个来客时是很有效的

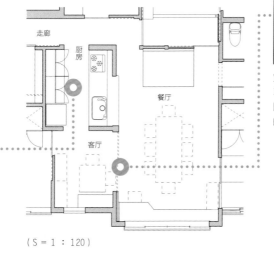

宽敞的客厅可以作为儿童教室使用。同时，在儿童学习过程中，如果家人吃饭，可分隔餐厅部分的结构。图片的左边是客厅，右边是餐厅，这是打开 2 个宽幅的拉门时的情景

厨房通过缩小的开口，与客厅面对面。由于与餐厅并排放置，让配餐变得更容易

（S = 1：120）

业主的形象

· 有小孩子的家庭
· 两代人共同居住的家庭
· 希望客厅安静、重视厨房和餐厅效率的家庭

方便实用的女主人
活动路线的设计方法

方案中最重要的也是最难的部分是活动路线的部分。在这里试着探讨一下，关于以特别重要的家务活动路线为中心，受女主人喜欢的活动路线的设计方案。

同时进行烹调和洗衣的活动路线

小孩子和夫妇使用的、间隔壁很少的方案。
现阶段不设置间壁墙，有效利用最广阔的空间（24 张榻榻米大的 LDK）。
有关将来的间隔壁设置方面，从设计之初就进行了规划。家务活动线路，在来回走动的同时也能容易地开展工作的方面下了功夫。

T 住宅
设计、施工：绫部工务店
家庭构成：夫妻 + 孩子 2 人
占地面积：174.00 m²
使用面积：150.93 m²（1 楼：69.40 m²　2 楼：81.53 m²）

2 楼平面图（S＝1：150）

从厨房到洗衣机放置处、室内晾干用的日光室、室外晒干的阳台的活动路线。与客厅是不即不离的关系

根据客人的有无，可以选择在日光室前晒干或在"L"形凉台中晾干

储藏室　卧室　榻榻米　客厅　厨房　阳台　日光室　洗漱更衣室　浴室

从厨房以最少的步数到达浴室和日光室

日光室里设置天窗，全天引入日光和风，可在室内晾晒

为了能同时进行烹调和洗衣服，设计与厨房毗邻的盥洗室（洗衣机放置处）

可以轻松洗衣的家务活动路线

优秀工务店的满意方案 07

全家 4 人居住的小住宅，是在父母家的地基内建造的。在作为生活主体的 LDK 中，为了使其变为丰富的空间，抬高天花板作为挑高空间，确保 2 楼窗户的采光。另外，为了使喜欢烹饪的女主人可以举办面包交流会，十分重视家务活动路线的安排。

H 住宅
设计、施工：近藤建设工业
家庭构成：夫妻 + 孩子 2 人
占地面积：330.55 m²
使用面积：102.68 m²（1 楼：53.00 m²
2 楼：49.68 m²）

将厨房和洗漱 / 更衣室邻近配置，形成最短的家务活动路线。浴室、卫生间也在附近，因此洗浴设施的清洁也很轻松

面对面式厨房的对面设置了洗浴设施。因此，客厅从做家务的嘈杂声中逃离出来

2 楼平面图（S = 1：150）

浴室
储藏室
洗漱更衣室
厨房
客厅、餐厅
阳台

烤面包的桌子和收纳很多的烹调工具的储藏室，设置到"L"形厨房的后面。在厨房内侧就可以完成面包制作的所有工作

从兼作面包制作场所的储藏室到厨房、洗漱 / 更衣室的活动路线

优秀工务店的满意方案 08

如果是 3 层建筑的话，将 2 楼设置成客厅的情况较多，所有的洗浴设施与客厅都放置在同一层是比较困难的。这个案例从业主的生活方式出发，LDK 的提升优先考虑同时洗衣和烹调，在 2 楼只设置洗衣机放置处。

足立 K 先生的家
设计、施工：田中工务店
家庭构成：夫妻 + 孩子 2 人
占地面积：100.00 m²
使用面积：103.57m²（1 楼：50.38 m²
2 楼：53.19 m²）

2 楼平面图（S = 1：150）

洗衣机
储藏室
厨房
阳台
客厅、餐厅
书房角落
榻榻米角落

从餐厅看不到厨房里的洗衣机

将洗衣机放在厨房的里面。洗过的东西直接在紧挨着的阳台上晾干

为了达到从道路上看不到阳台晾晒的衣物的目的，设置了扶手和连续的围墙。另外，为了不让已洗的衣物被淋湿，在阳台上设有巨大的房檐

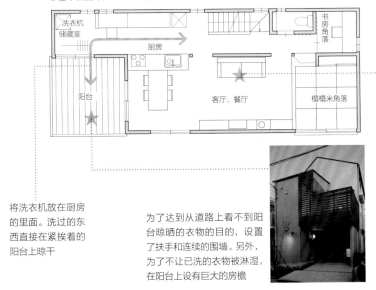

用两个出入口来梳理活动路线

为夫妇及其 3 个孩子设计的住房。3 个孩子都已经长大，其中 1 人作为大学生离开家了。夫妇经营着商店，为了便利地做家务，要求梳理和设计活动路线和房间布局。

S 住宅
设计、施工：近藤建设工业
家庭构成：夫妻 + 3 个孩子
占地面积：306.21 m²
使用面积：132.90 m²（1 楼：79.49 m²　2 楼：53.41 m²）

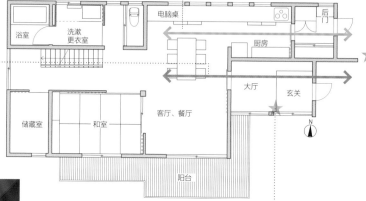

从图的右侧方向进入建筑物是最适合用地的，因此，后门也设置在玄关的旁边。将大型收纳区设置在后门厅，设定自后门厅到厨房、柜台的简洁的活动路线。柜台里有电脑桌，女主人的大部分活动可以通过这条路线来开展

主要的活动路线经过大厅，直接进入客厅

1 楼平面图（S = 1：150）

将做家务的活动路线和繁杂的玄关收纳区整合到后门，因此玄关简约又舒适

玄关和后门并排排列的样子。按照用途分开使用，可以避免拥挤

从和室中所看到的客餐厅和厨房。采用厨房直接与左侧后门相连的活动路线

用玄关分隔主要活动路线和家务活动路线

平房生活的便利之处在于：家庭活动都集中到 1 楼。在市中心建造平房是困难的，需要梳理活动路线，设计用于实现与活动路线相一致的生活的方案。在活动路线的设计上，在西南侧设置浴室，在东南侧设置有效利用场地条件的开口，确保了通风、采光。

K 住宅
设计、施工：冈庭建设
家庭构成：夫妻 + 孩子 1 人
占地面积：153.27 m²
使用面积：111.38 m²（1 楼：66.25 m² 2 楼：43.00 m²）

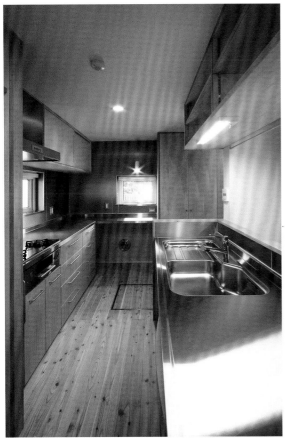

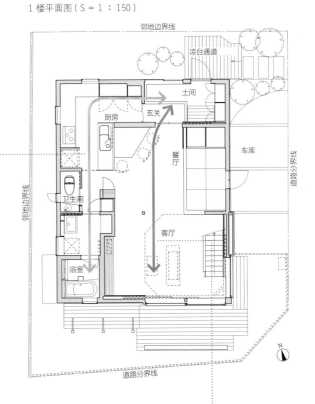

1 楼平面图（S = 1：150）

从玄关大厅直接走向厨房的家务活动路线。收纳购买的各种物品，同时可便利地进入厨房空间。另外，为了方便做清扫、洗衣等家务，设计了从厨房到浴室和卫生间的活动路线

主要活动路线不仅是家人的，也是招待客人时的活动路线。无走廊等无用的空间，设置从大厅直接到客厅空间的活动路线。利用主要活动路线，在提高南北向的通风方面也下了功夫

在餐厅的角落设置了固定式的桌子，最多可坐 3 人。因为它与厨房相连，所以配餐和清理很容易

可舒适地做家务的 7 条活动路线

活动路线是根据用途来划分的，有机地分配功能和落实方案是很重要的。在这里特别整理出 7 条重要的活动路线。
（胜见纪子）

1. 购物、做饭的活动路线

● **活动路线的流向：做饭时可以多次反复收纳和冷藏**

从外边带入的食品必须保存在某处。以冰箱为主，但需常温保存的东西等，要放在另外的储藏库。做饭的时候，从冰箱和储藏库、收纳架、橱柜等反复拿出、收纳必要的东西，一边使用诸多的机器，一边做饭。另外，烹调及其他活动所产生的垃圾，放在暂时保存的场所，而后扔垃圾的活动路线等出现了。

● **方案的要点：注意冰箱、烹调家电和储藏室的配置**

如果距离包括厨房橱柜、冰箱在内的烹调家电放置场所太远的话，做饭就会变困难了，因此配置在回头就能使用的位置和 90 度的位置。对于常温保存食品和烹调相关的库存品的放置场所，通过后门另外设置储藏室，使用起来非常方便。储藏室离厨房很近，设置在不通向客厅等的位置。后门便于搬入食品、扔垃圾，所以最好设置后门。

2. 用餐的活动路线

● **活动路线的流向：厨房、餐厅的活动路线最重要**

吃饭时，从厨房到餐厅，饭菜和餐具的拿出放回是最重要的路线。不仅在吃饭的前后，而且在途中，拿调料等的走动也不少。厨房与餐厅是面对面式、并排摆放式还是独立式，活动路线也会不同。

● **方案的要点：面对面式厨房要在活动路线的距离上下功夫**

面对面式厨房在餐厅的附近并面对着餐厅，可以传递料理等，是受欢迎的，不过，在厨房和餐厅间的往来，也有变成绕远进入厨房和餐厅的活动路线的情况，所以要注意这一点。

3. 洗衣的活动路线

● **活动路线的流向：工作零散，活动路线也很复杂**

洗涤的步骤是收集要洗的衣服→分类→（必要时事先洗涤）→洗衣机洗涤→晾干→收取→折叠、分类→收纳，不仅工作时间零散，而且活动路线也很复杂。同时，这个工作全部由 1 人完成、一家人分担完成或某个部分是个人特定完成等，根据家庭的生活习惯，活动路线也会发生改变。

● **方案的要点：根据作业负担的内容，改变房间的宽度和活动路线**

根据作业分担的内容，改变各房间的宽度和活动路线。晾衣的地方也很重要，是在院子里、阳台上或室内晒干，还是日用烘干机烘干，活动路线也会发生很大的变化。其次衣物的收纳场所，是在个人的房间还是在共有的更衣室，把握这一点也很重要。

4. 扫除的活动路线

● **活动路线的流向：活动路线涉及全部家庭成员**

打扫是涉及全家人的事情。吸尘器清扫的话，一边打开窗户和出入口通风，一边清扫。另外，抹布清扫的话，在卫生间等的往返动作很多。此外也有拖把和使用方便的扫除家电等，每次清扫工作的流程也不同。

● **方案的要点：清扫时能够轻松移动和通风是很重要的**

对于频繁使用吸尘器打扫的人来说，能轻松移动吸尘器和通风是很重要的。地板上没有台阶，出入口与拉门相比，拉门更容易清扫。另外，放置吸尘器的地点，应是面向哪里都能轻易拿出的位置。跨楼层时携带吸尘器走路是很麻烦的，因此最好在每层设置 1 个容纳 1 台吸尘器的空间。用抹布打扫的话，最好 2 楼也有卫生间。

5. 放松身心的活动路线

● **活动路线的流向：以客厅、餐厅为起点**
作为放松身心的场所，客厅和餐厅等比较合适。这些都是向各房间移动作为起点的地方。

● **方案的要点：考虑经过 LD 的活动路线**
作为向各房间移动时的起点，要注意不是做破坏房间稳定性的活动路线方案。特别是家务活动路线和在玄关、厨房、楼梯等之间频繁往来的活动路线，不要通过 LD 的中心。另外，放松身心的时候不用频繁地走动就可以，在 LD 中配置、收纳与放松身心相关的物品是比较好的。

6. 沐浴的活动路线

● **活动路线的流向：脱衣、沐浴、穿衣这样连续的活动路线**
在 1 楼设置盥洗室、更衣室等作为洗浴设施空间，还有运用比较多的浴室。考虑脱衣、沐浴、穿衣等一连串动作的话，要合理地配置。

● **方案的要点：考虑洗衣和收纳**
伴随着脱下衣服，就要相应考虑洗衣和衣物收纳的相关事项。另外，将沐浴的活动路线设在 2 楼卧室近旁、晾衣服的阳台旁边、从室外出入方便的庭院旁边等，对于这样的家庭，设计方便生活的活动路线，要灵活地思考。另外，到晚年时的使用方法也需要考虑一下。

7. 外出、回家的活动路线

● **活动路线的流向：根据外出、回家的情况，活动路线也会改变**
要考虑外出时换衣服、打扮、洗脸、化妆、穿鞋这样的事情，以及回家后洗手、换衣服、根据情况入浴等的事情。

● **方案的要点：梳理洗浴设施的活动路线**
为了顺利完成外出前、回家后一连串的事情，梳理好衣柜和洗浴设施的活动路线。对于回家后想要马上换衣服、洗澡的家庭来说，有放置在玄关和客厅的附近，兼具家人共用的更衣室的衣柜很好。另外，更衣室和洗衣机相邻的话，更能提高使用的便利性。

梳理活动路线的要点

家务活动路线和放松身心、吃饭的活动路线不要交叉是很重要的。另外，对于做饭和洗衣服等费时的家务活动路线，在设计方案时，征询业主意见，但注意不要将操作变得太繁杂。

从餐厅穿过客厅，可以看到榻榻米房间。以楼梯为中心的轮子形房间布局，对应了休闲、吃饭、外出各种各样的生活用途

试着计划 7 条活动路线

案例采用逆向方案，与一般的方案相比，会有上下楼层的移动。以家务活动路线为中心，如何高效地设计是很重要的，希望能从下面的活动路线中体会到这一点。

円正寺之树的住所
设计：atelier-nook
施工：国分工务店等
家庭构成：夫妻 + 3 个孩子
占地面积：176.13 m²
使用面积：127.99 m²（1 楼：64.81 m² 2 楼：62.68 m²）

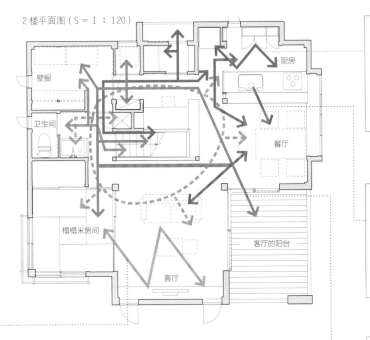

2 楼平面图（S = 1：120）

壁橱
卫生间
厨房
餐厅
榻榻米房间
客厅的阳台
客厅

1. 购物、做饭的活动路线

在 2 楼设有厨房的这个住宅，在 2 楼也设置了放置食品和杂货的储藏室。代替后门、作为垃圾的临时小型放置场所的服务型阳台与储藏室连接

2. 用餐的活动路线

尽管与厨房连接，家务活动路线并不通过餐厅中心的配置，因此不妨碍吃饭的同时，可以做家务。另外，与厨房相连接，容易进行配餐等

5. 放松身心的活动路线

该方案将家务活动路线设置为经过客厅边缘，这样无妨放松身心又能做家务

6. 沐浴的活动路线

在设有卧室的 1 楼也设置了浴室，符合就寝前有沐浴习惯的家庭的生活方式

3. 洗衣的活动路线

最先洗澡的人，提着放置在 2 楼洗衣机前的盒子中的空脱衣篮去洗澡，最后洗澡的人将放了要洗衣物的脱衣篮放到洗衣机前的盒子里。第二天女主人启动洗衣机洗衣，在带有玻璃屋顶的阳台中晾晒，傍晚时收回。在榻榻米房间设置可折叠、分类的壁橱

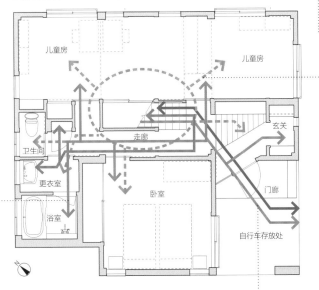

1 楼平面图（S = 1：120）

儿童房
儿童房
卫生间
走廊
玄关
更衣室
卧室
门廊
浴室
自行车存放处

7. 外出、回家的活动路线

回家时从玄关直接到设置了客厅、餐厅的 2 楼的情况很多。为了方便使用，配置了盥洗室和厕所。出门前的更衣和打扮在家庭共用的 2 楼壁橱完成，因此设置了与楼梯相连的盥洗室

4. 扫除的活动路线

在 1、2 层，卫生间附近确保有以吸尘器为代表的用具的收纳场所，可以频繁地进行清扫工作

目前和室的有效利用方法

据说最近和室从人们的视野中消失了，但人们对于能够坐在或躺在地板上的榻榻米房间的需求是根深蒂固的。下面将说明在地板全盛时期的住宅计划中，应该如何引入和室。

优秀工务店的满意方案 11 | 设置在玄关的多功能榻榻米空间

这栋建筑由两个长方形组合而成，展现了立体的宽敞感以及复式住宅的感觉，是土间与和室之间的"空间联系"，也可以说是享受季节的装饰、接待到访者，以及认真地生活的舞台。

石田住宅
设计、施工：铃木工务店
家庭构成：夫妻 + 孩子 2 人
占地面积：189.06 m²
使用面积：119.49 m²（1 楼：70.64 m²　2 楼：48.85 m²）

1 楼平面图（S = 1：150）

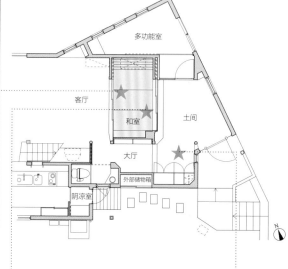

3 张榻榻米大的和室比里面起居室的地板高出一段，作为起居室和玄关之间的缓冲地带，既可以作为起居室边缘的凳子，也可以作为起居室的扩展空间使用

从外面看到的大厅。在建筑的内部和外部，都可以了解地板装饰的变化

玄关土间铺有栗色的地板，可以用于放置鞋子。多功能室（音乐室）也进行了同样的装修，可以摆放鞋子。通过关闭和室的隔扇，形成和室里的客厅

位于玄关一侧的走廊，可用于对客人进行简单的迎接等，然后进入和室深入谈话

桌子和榻榻米并存的小餐厅

108.5 平方米的有限用地内要放置 2 辆车，因此设置在一楼的 LDK 空间有限。在 LDK 的局部设置了抬升的榻榻米，用较少的空间打造出用于家人团聚的榻榻米客／餐厅。另外，利用剖面设计，确保了天花板的高度，扩展了空间。

M 住宅
设计、施工：松冈建筑设计事务所
家庭构成：夫妻 + 孩子 2 人
占地面积：108.85 m²
使用面积：130.54 m²（1 楼：65.27 m²　2 楼：65.27 m²）

在不宽敞的空间里放置餐桌和沙发是困难的，因此设置了抬升的榻榻米，作为饭桌的长椅等使用

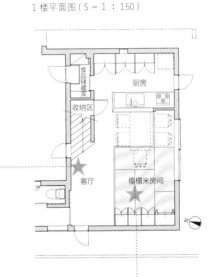

1 楼平面图（S ＝ 1：150）

起居室实质上作为活动路线加以利用。另外，稍微抬升的榻榻米下面有 3 个抽屉，可将 LD 的生活杂物收纳进去。图中左边的楼梯以台阶板倾斜加工而成，也可作为长椅使用

现在的榻榻米空间是根据榻榻米的张数来决定方案的

和室等的榻榻米空间，根据榻榻米的张数（面积）、用途和配置会有很大的变化。在这里从面积这一点说明如何将榻榻米空间纳入方案。（胜见纪子）

2 ~ 4 张榻榻米
最适合榻榻米角落的大小

最适合客 / 餐厅、卧室等一角的榻榻米角落的大小。在用途上，可以作为午睡的空间、放置了小桌子的办公角落、叠衣服等的场所、高于地板的长椅角落等。可以在紧凑的住宅中采用，只是作为独立的单间会比较狭窄。

2 张榻榻米

· 孩子的卧室
· 作为地板上设置移动式壁龛的方法
· 由于狭小，无法用于睡觉

3 张榻榻米

· 1 人卧室
· 放置矮桌后可以面对面坐人的最小宽度

3 张榻榻米 + 地板

· 2 人卧室
· 放置矮桌后可以面对面坐人的最小宽度

4 张榻榻米 + 地板

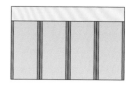

· 2 人卧室（紧凑一些的话可以容纳 3 人）
· 可以作为独立的单间
· 放置矮桌后可以舒适地面对面坐着

4.5 ~ 8 张榻榻米
最适合单间的和室的宽度

单独作为和室使用，这是最适合的大小。根据榻榻米的张数，具有各种各样的用途的"和室"，通过配置壁龛、书房、佛龛，也有可能设置成正式客厅。但是，它又是生活的主要场所，因此必须设置壁橱和储藏箱等收纳空间。

4.5 张榻榻米

· 2 人卧室
· 放置矮桌的小茶室
· 接待室（最多接待 4 人）

6 张榻榻米

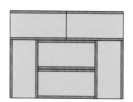

· 2 人卧室
· 榻榻米客 / 餐厅
· 和室最常用的大小
· 各种可能的使用方法

8 张榻榻米

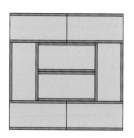

· 3 人卧室
· 榻榻米客 / 餐厅
· 最适合正式客厅的宽度
· 设置 6 张榻榻米大的和室和连续房间的话，基本需要 8 张榻榻米

4张榻榻米 + 地板 # 可以自由开合的和室

比地板高出 35 厘米的榻榻米房间。平常像大凳子一样，与 LD 合为一体使用。如果关上隔扇可以作为宾客的卧室，主要还是合为一体使用。4 张隔扇能全部被收纳进壁橱旁边的防雨窗套，四张榻榻米大的门可以不被遮住完全地打开。

1 楼平面图（S = 1：120）

打开隔扇的状态。因为面向北面庭院，全都安上窗户，设置观景用的拉门

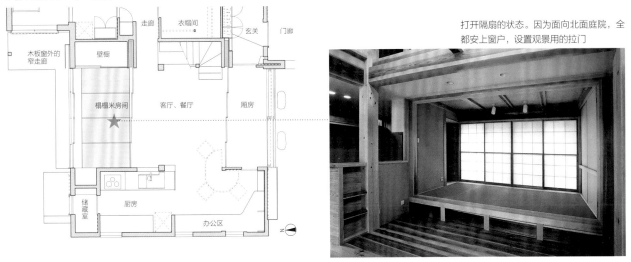

6张榻榻米 # 不是"和室"而是铺着榻榻米的客厅

14 张榻榻米大的 LD 中，铺了 6 张榻榻米的榻榻米房间。与地板的高度差和样式 1 一样。餐桌的支脚长度不一样，家人可坐在椅子或地板上围着餐桌。它也确保了来自厨房一侧的活动线路，是利用率更高的空间。

1 楼平面图（S = 1：120）

即使铺着榻榻米，墙壁和天花板的装修与地板部分也不改变，因此并不是做成和室。台阶部分，是可以拉出使用的大型收纳空间

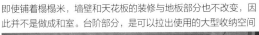

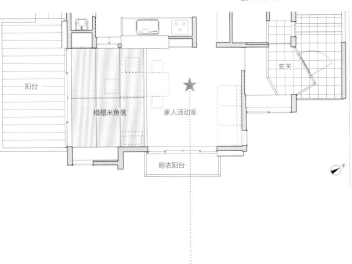

提高业主满意度且给人惊喜的小房间收纳术

收纳是提高业主满意度重要的一点。特别是以高效的大壁橱为代表的小房间收纳。这里将说明如何把小房间收纳融入方案中。

优秀工务店的满意方案 13　能随便利用的旁门收纳库

住宅建在小山的山麓，光照充足，自然条件优越。在住宅的中心设计了大型挑高，在哪里都能感受到家庭的氛围。男主人的爱好是冲浪，因此住宅设计最大限度地体现了其爱好。

S 住宅
设计、施工：近藤建设工业
家庭构成：夫妻＋孩子 2 人
占地面积：217.56 m²
使用面积：122.55 m²（1 楼：70.38 m²　2 楼：52.17 m²）

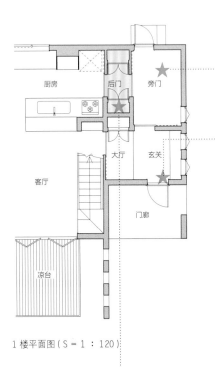

冲浪回来时，为了不弄脏房屋，设置了能够随便出入的家庭专用旁门。宽阔的土间也能收纳冲浪板等

迎接家人以及来访者等的玄关。为了保持其整洁，尽量少放置鞋箱等收纳家具。另外，由于玄关的侧墙，在玄关处看不到客厅和阳台等

1 楼平面图（S = 1∶120）

作为厨房的食品储藏库和从外部带入的鞋及道具等物品的收纳空间使用。其变成了旁门的活动路线，因此还可以作为其他用途使用

客厅的左边、厨房的深处设置了旁门收纳库，通过这里来连接旁门

作为多功能收纳的玄关土间

优秀工务店的满意方案 14

由于"物品"和"兴趣"的多样化，在玄关周围的"收纳"空间不仅有鞋柜，还有附加的元素。将能收纳包括鞋在内的各种尺寸的物品的空间作为土间的收纳区进行计划。另外，在玄关处设置稍微宽敞的土间。

E 住宅
设计、施工：冈庭建设
家庭构成：夫妻
占地面积：242.76 m²
使用面积：124.20 m²（1楼：71.21 m²
2楼：52.99 m²）

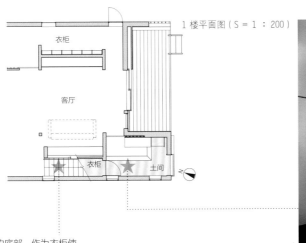

1楼平面图（S = 1：200）

把土间延伸到楼梯的底部，作为衣柜使用。因为土间较高，可比通常的楼梯收纳储藏更多的物品和外形高大的东西

利用三张榻榻米大的空间而设计的土间玄关。玄关宽敞，能使回家后的家人感到安心，也能接待各种各样的客人

优秀工务店的满意方案 15

这是室内空间中融合了外部性生活空间和内部性生活空间的例子。宽敞的土间也可以作为融合了内外生活空间的中间性空间加以利用。由于土间变宽敞了，考虑到热量的损失，在室内和土间空间的隔壁上设了拉门。

H 住宅
设计、施工：冈庭建设
家庭构成：夫妻 + 孩子1人
占地面积：147.68 m²
使用面积：101.85 m²（1楼：52.17 m²
2楼：49.68 m²）

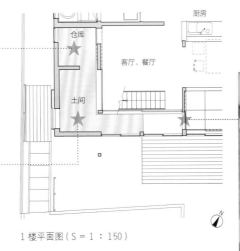

土间深处设置为直接收纳户外用品、儿童玩具和自行车等的仓库。另外，作为"展示"土间，不要放置多余的东西，在仓库内设置了鞋柜

为了使除自行车维修以外的其他室外性工作可以在室内进行，设置了宽阔的土间。将它设计成L形，可从种种的地方上到地板的土间，形成连接室内和室外的模糊的领域，增加了生活的乐趣

1楼平面图（S = 1：150）

与楼梯旁边的走廊相连的土间。主要活动路线对应着另一条活动路线

活动路线上设置的细长衣柜

这是根据地基的特性利用进深，在横向、纵向上扩展空间的住宅。为车辆多的家庭设置了多个内置车库，因此需要设计活动路线和收纳汽车用品等的空间。另外，为了使客人不妨碍家人的出入，需要整理活动路线。

KST-HOUSE

设计、施工：冒险万斯建筑设计工作室
家庭构成：夫妻 + 孩子 2 人
占地面积：476.08 m²
使用面积：256.00 m²（1 楼：155.00 m² 2 楼：53.00 m²）

大壁柜在从客厅连接到车库的活动路线上，离玄关也很近，能收纳生活用品、汽车用品，外出时的外套等各种各样的东西。另外，中间夹着通道，在两侧的墙面设置了收纳架，使用便利

1楼平面图（S = 1：150）

大壁橱

内置车库

客厅

鞋衣帽间

大厅

凉台

玄关

内置车库

鞋衣帽间中设置隔扇，隔开了客人和家人的活动路线。根据每天使用的便利性和视线的变化，可以保持其美观

客厅、餐厅的样子。图片中电视的内侧设置了大壁橱

回家或外出时为了不被雨淋湿，将这个车库直接连接到居住空间。这种方案优点很多

从玄关到客厅是"コ"状的活动路线，构成了具有深度的空间。玄关没有摆放架子等，给人留下整洁的印象

从侧面看玄关门廊的情景。将位于玄关南侧的内置车库纳入活动路线

收纳厨房的杂乱物品的储藏室

这是体现了夫妻重视私人空间的想法的住宅。女主人希望拥有设计简洁的白色厨房和餐厅，因此，为了收纳摆放在厨房周围的杂乱的物品和道具等，将家务室（储藏室）设置在厨房的后面。

I 住宅

设计、施工：近藤建设工业

家庭构成：夫妻 + 孩子 2 人

占地面积：221.23 m²

使用面积：127.11 m²（1 楼：127.11 m² 2 楼：94.39 m²）

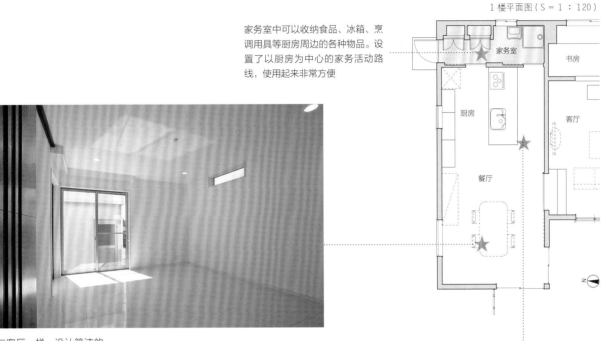

1 楼平面图（S = 1：120）

家务室中可以收纳食品、冰箱、烹调用具等厨房周边的各种物品。设置了以厨房为中心的家务活动路线，使用起来非常方便

与客厅一样，设计简洁的白色餐厅

因为收纳架等被收纳进家务室，所以从客厅看过去，厨房非常简洁

因方便整理而受到欢迎！
小房间收纳空间的设计方法

大衣柜、储藏室等人可以进入内部、储藏东西的小房间收纳空间，如果计划合理的话，对于业主来说，使用非常方便。在这里，说明一下小房间收纳的配置，以及面积和尺寸的要点。（胜见纪子）

大壁橱
整理和收纳衣服，也可以更衣的收纳空间

有关配置的想法
在方案中，与卧室相邻的设施很多，整理、收纳家人的衣服时，不放到单间，而是放置到能从走廊等共用部分进出的位置

面积、尺寸

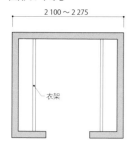

两侧悬挂衣物的衣架的构成
挂在衣架上的衣服的宽度 ×2，并且保证足够的中间通路和更衣空间，以墙壁中心计算的话 2100 ～ 2275 毫米是最好的。这个宽度即使增大的话，也不会增加收纳量

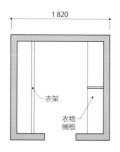

一侧悬挂衣物、另一侧整理衣物的搁板的结构
整理衣物搁板的深度最少是 1820 毫米才有可能进行配置。
在纵深方向，长度越大的话收纳量也会越大。此方案设置为 2275 毫米

如图所示，配置衣架用的管子，只在比挂衣管高的部分上设置固定架什么的，而细小的可移动架板和安装构架上的架子等，还是不要设置比较好。根据需要，放置市面上的抽屉式衣物箱的话，具有使用方便和成本低的优点

2楼平面图（S = 1：150）

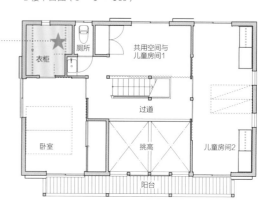

衣柜　厕所　共用空间与儿童房间1
过道
卧室　挑高　儿童房间2
阳台

适合全体家庭成员的收纳空间的推算方法

并不是有很多的收纳空间就好。收纳多便是最好的，从这点来看，有着本来应该废弃的物品却被收纳着的危险性。对于收纳的最合适体积，有各种意见，但对笔者来说，依据过去亲身参与的案例所推算出的数值和经验法则而得出的以下收纳面积是最合适的。

小房屋型收纳

使用面积的
8% ～ 10%

箱子型收纳

使用面积的
7% ～ 12%

人进入内部取出物品的小房间型收纳，包含房间内通道的部分，因此实际放置物品的面积达到这个的 1/2 ～ 2/3

使用高出腰部的架子与使用高到天花板的收纳物品，收纳量一定会不同，这里仅用水平投影面积表示

在这面介绍的方案中，小房间型收纳占 10%，箱子型收纳占 10%，合计 20% 的收纳空间被设置到这儿的话，几乎不需要使用放置型收纳家具等，就可收纳家里所有的东西

服务型门廊

玄关门廊与庭院分开设置，其是处理家务的室外空间

有关配置的想法

为处理家务的室外空间。后门设置在出口附近，由此能顺畅地走到院子外，也方便倒垃圾。设置屋顶的话，不仅使用起来格外便利，也不会弄湿放置的物品

面积、尺寸

1.5 ～ 2 张榻榻米大的话，就可以高效地利用该空间

如图所示，土间的地面使用混凝土表面的话，可以冲洗地面的污垢等。也可以设置室外水槽

储藏室

放置食品的小屋子。不仅能收纳食品，也能收纳各式各样的东西

有关配置的想法

从使用方便的方面讲，有通往室外的后门的储藏室比较好。厨房和餐厅设置在进出方便的位置也很重要。日照太好的话不利于食品保存，因此放在北侧最好

面积、尺寸

有 1 张榻榻米大的地方，就能安设。1 张榻榻米大的情况下，基本上就可以将所有地面铺上土间地板，不过，面积充足的情况下，如果有铺板子的壁龛和土间地板一起用的话会更加方便

如图所示，在墙边从墙脚下到天花板附近，设置 20 ～ 30 厘米的进深小的架子。也可用市场购买的钢架等代替。另外，食品放置场所要注意通风。附带通风孔的后门和百叶窗框则设置到另一面

1 楼平面图（S = 1：150）

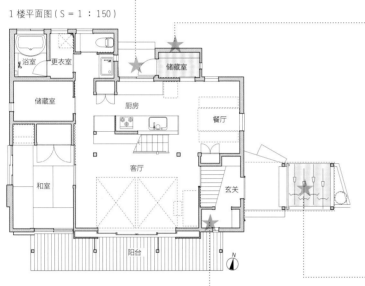

浴室　更衣室
储藏室
储藏室
厨房
餐厅
客厅
和室
玄关
阳台
N

外面仓库

收纳与院子里的工作相关的物品、汽车相关物品、业余木工工具、户外相关物品等

有关配置的想法

利用成品钢制库房的情况很多，设计车库的话，在车库墙壁放置物品的话不浪费空间。能够在玄关门廊和服务型门廊的局部做建筑工程的话，外观就不错

面积、尺寸

设计成步入式收纳室的话至少需要 1.5 张榻榻米的面积。在很深的架子前后放置东西的话，是难以使用的，因此设置了狭窄的通道，在通道两侧设置了能放置物品的结构。如果设计成盒子风格的话，墙壁中心的进深为 600 ～ 750 毫米是比较适当的

鞋帽间

收纳除鞋以外的从外部带入的其他零碎的东西的地方

有关配置的想法

设置在从玄关的土间部分就能进出的位置。面积充足的话，设置具备部分壁龛的、与室内活动线路配合设置的话，更能提高利用率

面积、尺寸

用 1 张榻榻米以上的空间进行规划。放置大衣的话，在一侧的墙边与视线齐高的高度上安装衣架管，并在其上安装固定架。另一侧设置放鞋的深度小的可移动架子，设置 10 段左右

因为在玄关土间的狭小空间里设置推门的话，会不方便，所以使用拉门比较好。在这里没有门，代以布质挂毯。另外，架子下面不用挂毯，作为儿童玩具和湿鞋子的放置处

自行车停放处

最近不设置遮雨檐的案例也有很多

有关配置的想法

虽然没有特别设置的情况也很多，但临时放置的话，不太雅观，另外，淋雨的话会损害自行车。使用成品也行，考虑到外观的话，设置在玄关附近或与建筑合为一体比较好

面积、尺寸

需要放置 4 辆自行车的话，深度和宽度为 2 米最好

在这里门廊屋顶直接从房顶延伸下来，成为 4 辆自行车的放置处

目前楼梯分为背部
和客厅楼梯

以前玄关大厅的旁边设置楼梯，但现在一般在 LDK 中设置楼梯。在
这里将说明经典的两段式楼梯规划的要点。（胜见纪子）

样式 1 作为家的 "主角" 的客厅楼梯

从在 LDK 中的家人能看到其他家人的动向等方面来说，这是经典的客厅
楼梯。将其配置在客厅，具有丰富室内装潢的效果。

优点

· 营造出 1 楼和 2 楼的一体感
· 家人可以感受到彼此的存在

缺点

· 1 楼客厅的温暖空气流向 2 楼
· 楼梯下部空间作为置物处使用起来
  不太方便
· 总能听到上下楼梯的声音、看到人
  走动

2 楼平面图（S = 1：120）

收藏室　卧室2　挑高　收纳　盥洗室　储藏室　榻榻米　卧室1

1 楼平面图（S = 1：120）

庭院　储藏室　玄关　内部阳台　厨房　客厅　衣帽间　办公区　盥洗室　榻榻米　阳台

因为 1 楼南侧的采光条件不理想，为
了保证 2 楼的采光，所以在客厅上部
设置了挑高，在这个挑高空间的局部
设置了楼梯。对于两人家庭，这种配
置可以让家人随时感受到彼此的气息，
是比较好的

从楼梯的平台进出南侧车库上的阳台，
直接与连着单间的走廊相连。另外，
打开单间的拉门的话，可以看见挑高
和楼梯

业主的形象

· 有从幼儿到处于青春期的孩
  子的家庭
· 追求设计感的家庭
· 人数少的小家庭

样式 2 重视安静和活动路线的背部楼梯

上下楼梯，对于使用楼梯者及其以外的家人来说是非常嘈杂的。对于在起居室、餐厅想要安静地放松身心的家庭来说，楼梯设置在别的地方是更好的选择。此时，设置在客厅背后的楼梯又称"背部楼梯"。

优点

· 很难传出上下楼梯的声音，不会影响 LD 的安静
· 因为不需要打造得很起眼，所以制作成本低

缺点

· 很难知道家人上下楼梯的情况
· 易使人觉得被墙壁包围着，产生狭窄之感

2楼平面图（S＝1：120）

衣柜

盥洗室

儿童房　儿童房　卧室

阳台

从客厅、餐厅离开，从摆放洗浴设施和家务桌子的区域上来的楼梯配置，是考虑到从 2 楼卧室去洗澡的便利性和向 2 楼阳台搬运要洗的衣物的活动路线而决定的。在楼梯下弹奏钢琴的时候，为了减弱声音对 2 楼的影响，在楼梯口处设置了拉门

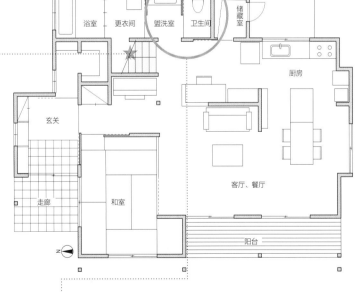

1楼平面图（S＝1：120）

浴室　更衣间　盥洗室　卫生间　储藏室

厨房

玄关

客厅、餐厅

走廊　和室

阳台

N

位于 2 楼西北角，与能到达各卧室和阳台的走廊相连。不加入缓步台的话，楼梯幅度也会更宽。因此，上下楼都很轻松

入浴、洗涤、打扮等，2 楼与 1 楼之间往来的活动大多与洗浴设施相关。楼梯自然要设置在对以洗浴设施为起点的活动路线有利的位置

业主的形象

· 没有从幼儿到处于青春期的孩子的家庭
· 人数多的大家庭
· 做家务、进行外出准备动作非常敏捷的家庭

不能被狭小用地所束缚！逆袭方案的新设想

都市型住宅中在 2 楼设置了经典的 LDK 的"逆袭方案"。由惯常的理论得出的方案失败的情况也不少。在这里说明一下逆袭方案的正确设计方法。

优秀工务店的满意方案 18　完全在 2 楼生活的逆袭方案

这是面向交通量大的倾斜道路的拐角地段地基。日照方面，1、2 楼采光良好，但没有考虑到来自前面道路的步行者的目光。为了让人觉得惬意放松，将客厅设置在 2 楼。另外，利用倾斜的地基和道路，可以从外部实现 1、2 楼之间的移动。

I 住宅
设计、施工：松冈建筑设计事务所
家庭构成：夫妻
占地面积：99.73 m²
使用面积：129.81 m²（1 楼：75.83 m²　2 楼：53.98 m²）

交通量大的前面道路一侧。开口处只有卧室的高窗

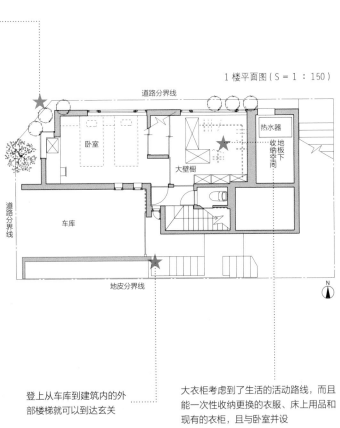

1 楼平面图（S = 1：150）

道路分界线

卧室

大壁橱

热水器

收纳地板下空间

车库

道路分界线

地皮分界线

N

登上从车库到建筑内的外部楼梯就可以到达玄关

大衣柜考虑到了生活的活动路线，而且能一次性收纳更换的衣服、床上用品和现有的衣柜，且与卧室并设

考虑到从厨房开始的家务活动路线，将厨房、盥洗室、浴室、卫生间等的洗浴设施密集地设置到北侧。为了让客人感觉不到洗浴设施的存在，在门窗和照明上也下了功夫

2楼平面图（S＝1：150）

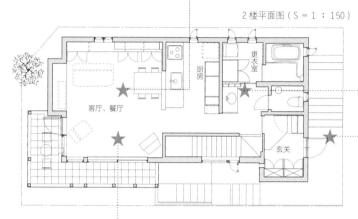

更衣室

厨房

客厅、餐厅

玄关

为了能在回家时轻松完成漱口和洗手等活动，将洗漱角落从更衣室中分离出来

设置在2楼的LDK。前面道路的车辆和行人看不到2楼内部的情况，不过，为了减弱喧嚣感，在阳台的外侧安装了百叶窗

走到北侧的道路（坡道）顶端，爬上数段到达楼梯的话，就到达2楼玄关的剖面设计

充分利用1楼的逆袭方案

东南侧的地基现在还是空地,但近年来有建设的设想。由于地基规划的范围小,与相邻建筑的距离也不大,将来1楼的采光会很不好。因此在2楼设置客厅、餐厅等,1楼设置不重视采光的卧室等。

T 住宅
设计、施工:冈庭建设
家庭构成:夫妻
占地面积:118.02 m²
使用面积:100.38 m²(1楼:50.19 m² 2楼:50.19 m²)

2楼平面图(S = 1:150)

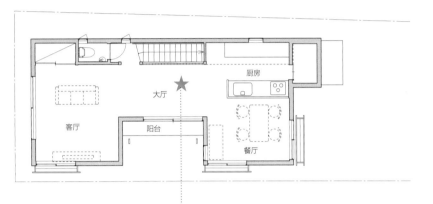

通过在2层平面上营造空间的凹凸感,将餐厅空间和客厅空间模糊地连接到一起。可以说这是从人聚集的客厅到餐厅、厨房的半封闭空间的例子

中央大厅作为小客厅（接待角），面向院子进行配置。不仅可以观赏院子，也让来访的客人感到舒适。比起左、右边的房间更能引入阳光，也能获取来自南侧的阳光

1 楼平面图（S = 1∶150）

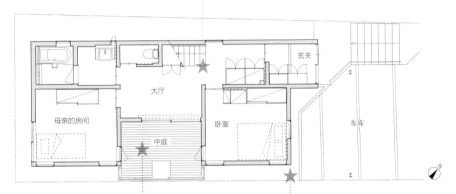

玄关
大厅
母亲的房间
中庭
卧室
车库
N

东南侧的地基虽然是空地，但在不久的将来，有建设的设想。地基规划的范围小，很难保证与相邻地基的距离。考虑到隐私，提高了窗户的高度，将间接采光、通风作为主要目的。至于主要采光，要对墙面等进行精心的设计，以确保采光

通过建造阳台上的院子，确保 1 楼各房间的采光和法律规定的采光保有距离。由于院子里时常有影子投下，为了获得更多的采光，对于开口配置的研究是必不可少的。另外，阳台在视觉上扩展了空间

舒适的都市住宅的逆袭方案的正确设计方法

在充分讨论与业主性格的相容性和地基等条件的基础上，采用逆袭方案。在这里，依次说明在探讨逆袭方案基础之上的确认事项。（胜见纪子）

 步骤 1 ## 从 3 个方面考虑采用逆袭方案

仅仅因为没有阳光就设计逆袭方案的话，后来妨碍业主生活的情况也是有的。逆转方案采用与否，要依据以下 3 点进行判断。

优点	缺点	业主的形象
·1 楼很少受附近建筑物阴影的影响，采光条件良好 ·充分利用屋檐形状的倾斜天花板，设置开放式的客厅 ·道路上的路人很难看到室内，这样方便保护隐私 ·LDK+洗浴设施都设置在 2 楼。因此，可以用较低的成本来建造 1、2 楼	·从 LDK 不能直接到达院子 ·所购之物（食品等）的搬入费时费力 ·每次来客人时，都要到楼下去，比较麻烦 ·儿童房在 1 楼的话，难以了解孩子的回家、外出情况 ·上了年纪行动不便时，上下楼梯是比较辛苦的	·整天在家或在家的时间很长的家庭 ·重视采光的家庭 ·比起与邻居的交谈，更重视家庭间的团聚的家庭 ·离晚年还有很多年头的年轻家庭

> 充分讨论优点、缺点、业主的形象和业主自己的想法，然后做出最终决定

步骤 2 ## 作出日影图

除优点、缺点、业主的形象之外，为了掌握实际建筑物的日照环境，在利用日影图充分了解日照情况的基础上，做出最后决定

几乎没有阳光照入的场所　→　【逆袭方案】1 楼、2 楼的北侧　→　储藏室、洗浴设施等

仅有一点儿阳光照入的场所　→　【逆袭方案】1 楼、2 楼的东西侧　→　卧室、单间等

阳光长时间照入的场所　→　【逆袭方案】2 楼南侧　→　客厅、餐厅等

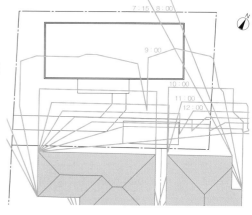

冬至时期 2 楼的日影图。2 楼除清晨以外都有日照，因此优先配置客厅等。1 楼是一天的大半时间没有阳光照入的，因此设置了卧室等单间

步骤 3 ## 逆袭方案的房间布局的七大法则

在逆袭方案考虑房间布局的基础上，至少掌握如下的要点。尽可能涵盖所有的要点。

法则1	法则2	法则3	法则4	法则5	法则6	法则7
为了创建与室外的结合点，要在阳台等方面下功夫	确保所购食品使用的存储场所	2 楼确保收集日以外所产生垃圾的临时放置场所	要留意玄关、楼梯、2 楼厨房、洗浴设施的活动路线	为了方便接待客人，对玄关进行一定程度的划分	设置楼梯升降机所占的空间等，并设想上年纪时的升降对策	设置充分利用屋顶的倾斜天花板时，屋顶刚性容易不够，因此需要注意

实际上根据逆袭方案试着设计

设计逆袭方案的要点：2 楼作为生活中心存在的问题得到解决。用事例来说明解决问题的关键点。

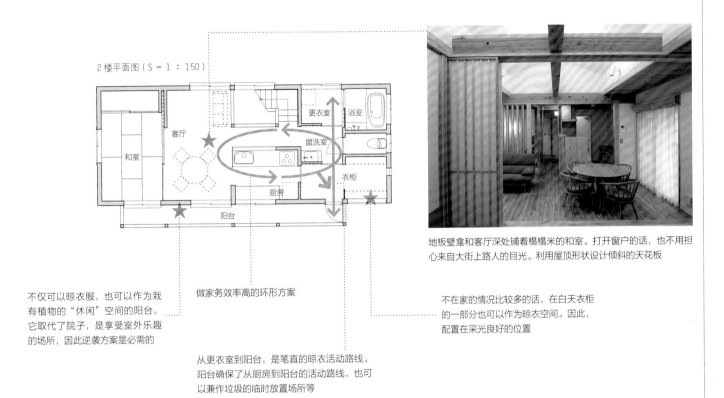

2 楼平面图（S = 1：150）

地板壁龛和客厅深处铺着榻榻米的和室。打开窗户的话，也不用担心来自大街上路人的目光。利用屋顶形状设计倾斜的天花板

不仅可以晾衣服，也可以作为栽有植物的"休闲"空间的阳台。它取代了院子，是享受室外乐趣的场所，因此逆袭方案是必需的

做家务效率高的环形方案

不在家的情况比较多的话，在白天衣柜的一部分也可以作为晾衣空间。因此，配置在采光良好的位置

从更衣室到阳台，是笔直的晾衣活动路线。阳台确保了从厨房到阳台的活动路线，也可以兼作垃圾的临时放置场所等

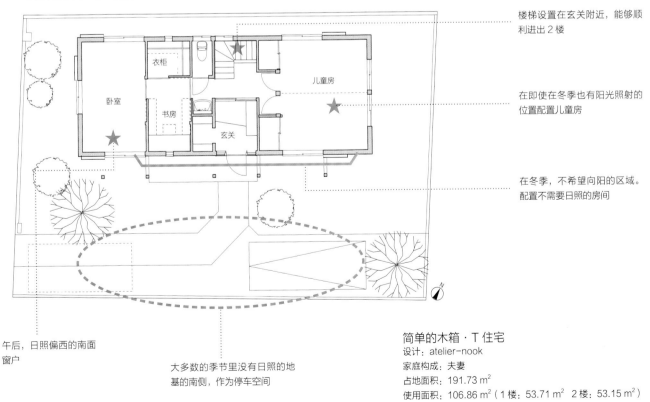

1 楼平面图（S = 1：150）

楼梯设置在玄关附近，能够顺利进出 2 楼

在即使在冬季也有阳光照射的位置配置儿童房

在冬季，不希望向阳的区域。配置不需要日照的房间

午后，日照偏西的南面窗户

大多数的季节里没有日照的地基的南侧，作为停车空间

简单的木箱·T 住宅
设计：atelier-nook
家庭构成：夫妻
占地面积：191.73 m²
使用面积：106.86 m²（1 楼：53.71 m² 2 楼：53.15 m²）

赋予场地魅力的建筑物布局技巧

针对场地，如何布置建筑物，是制订令业主满意的方案的关键点。通过各种各样的案例来说明如何考虑周边环境、应该怎样布置建筑物。

优秀工务店的满意方案 20 ## 分配建筑物，建造小庭院

针对场地分配建筑物，从四个角着手，可以设置有深度的庭院和停车场，从而打造富于变化的空间。通过分配建筑物，避免了正面面向邻居，从而容易避开他人视线，减轻压迫感。在透明玻璃的配置上下功夫的话，能够观赏各自庭院的四季景观。

K 住宅
设计、施工：铃木工务店
家庭构成：夫妻 + 孩子 2 人
占地面积：177.65 m²
使用面积：110.04 m²（1 楼：61.04 m² 2 楼：49.00 m²）

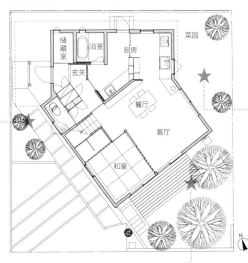

1 楼平面图（S＝1：200）

在厨房的正面设置的菜园。考虑到便于观察蔬菜生长状况和收获以及烹调，设置了从左后方的后门立即就能出去的结构

通过将玄关设置在里面，可以一边欣赏有 1 米高差的斜坡，一边爬上去

面向起居室的院子通过设置阳台强调了与室内的联系。另外，为了在保持开放的同时，阻挡路上行人的目光，用矮木墙把院子围了起来

在形状不规则的狭小场地上建造 4 个庭院

利用进深 40 米、平均宽度 5.5 米的不规整用地，将连接道路的 4 米宽的导入部分作为进入建筑物的通道和容纳 3 台车的停车场。在用地的宽阔部分布置建筑物，通过利用用地内部之间的关系，创建 4 处空地并将其设计成具有不同主题的庭院。

M 住宅
设计、施工：绫部工务店
家庭构成：夫妻 + 孩子 1 人
占地面积：220.00 m²
使用面积：114.03 m²（1 楼：62.80 m²　2 楼：51.23 m²）

后院给洗手间和浴室带来了视觉上的延伸，同时连接起室内阳台，因此可以用于做家务。隔着板壁，可以把里面的竹林作为借景来观赏。对于阳台，考虑到防盗、换气等因素，设置了金属管卷帘门

兼作进入建筑物通道的绿色空间布局。它也是将凉风导入建筑的通风道

1 楼平面图（S = 1：200）

4m（宽）×15m（长）的通道兼作停车空间

敞开客厅拉门的话，客厅和有木板凉台的庭院融为一体。用栗木制作的凉台和放置在旁边的植栽，延伸了客厅，赋予其变化，也起到了连接室外和室内的作用

这是接待场地、草坪庭院，其与厨房和洗浴设施相连，也可以作为暂时的垃圾放置场所。改变视角的话，就会变为可从和室看到的观赏草坪庭院

以观景为重点的 "L" 形方案

夫妻及其 3 个孩子 + 父（母）1 人的住宅。从干道走 20 米左右就可以进入私人道路深处的用地。用地朝向东南侧，因此，采用更容易获取阳光的 "L" 形建筑物配置。建筑物的西南侧是辽阔的水田，因为是唯一的开口方向，所以从很多的房间都可以观赏水田的景色。

W 住宅
设计、施工：绫部工务店
家庭构成：父母 1 人 + 夫妻 + 孩子 3 人
占地面积：132.00 m²
使用面积：117.34 m²（1 楼：67.76 m² 2 楼：49.58 m²）

从家人的房间和榻榻米房间，隔着庭院，可以眺望作为借景的南侧住宅庭院

1 楼平面图（S = 1：150）

相对细长状的院子，接近正方形的院子更加舒适且容易拥有多种用途

用地连接的私人道路并没有倒车的地方，因此必须有面向建筑物的内置车库。在内置车库中停车，然后前进来到干道，在这个位置是合适的。驱车可以直接到达后门

从父（母）的卧室里看到的景色。因为在房间里度过的时光很多，所以采光良好、离院子很近的房间是很必要的。从卧室隔着庭院可以眺望水田

建筑外观。另一侧为水田，三面被宅基地包围着。可从 1 楼和 2 楼的起居室、浴室观赏田园风景

长方形平面凹凸有致、富于变化

在城市住宅密集地的细长地基上规划建筑物，那建筑物也必然是细长状的。
另外，对于东西长、南北开口狭小的地基，在 1 楼设置 LDK 是有必要的，
同时为了获得南侧的日光，在各处安设拉门，在引入阳光方面下功夫。

Y 住宅
设计、施工：松冈建筑设计事务所
家庭构成：夫妻 + 孩子 2 人
占地面积：495.63 m²
使用面积：120.12 m²（1 楼：90.69 m²　2 楼：29.43 m²）

Y 住宅外观。2 楼建在客厅上方，
而南侧是平房

从玄关一侧看到的餐厅、客
厅。为了尽量多地引入阳光，
右边设置了拉门，开设了窗
户，左前方是凸出的窗户，
客厅上部的天窗引入阳光

1 楼平面图（S = 1：200）

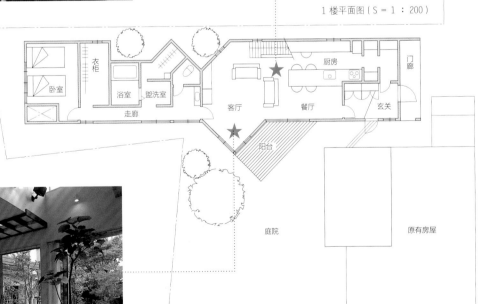

衣柜

卧室

浴室

盥洗室

走廊

厨房

客厅

餐厅

门廊

玄关

阳台

庭院

原有房屋

起居室西侧设置成三角形，
让上午的阳光照射进来

从用地条件方面考虑建筑物的布置和形状的七大原则

无视用地形状和用地所处的环境而设计的住宅，是很不便于居住、不合理的住宅。在这里，把建筑物的布置和形状相关的理论分为 7 点进行说明。（胜见纪子）

原则 1 从道路的位置方面考虑建筑布局

原则是建筑物东西向要长，并且靠近用地的北侧。但是，根据道路的位置不同，靠近停车场等道路一侧也是很重要的，因此必须在建筑物的形状和布局上下功夫。根据情况，不仅要探讨单纯的平面规划，而且有必要探讨底层架构等截面形状的方案对策。

南侧道路

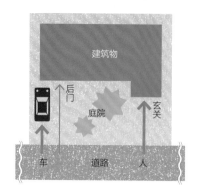

建筑物靠近北侧，确保了南侧有大片空地，停车空间靠近空地部分的东侧或西侧。在人行道和车行道分开的情况下，把院子设置在没有被分割的地方

北侧道路

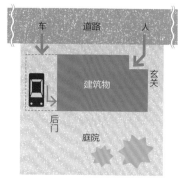

建筑物靠近北侧，停车场设置在东侧或西侧。在人行道和车行道分开的情况下，可设置如上图的后门。将建筑物底层架空，设置成停车场也行

东侧、西侧道路

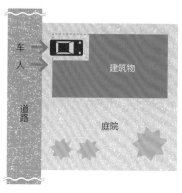

将建筑物底层架空，设置成停车场，这样建筑物不用向南侧扩展，进而可以扩大庭院

原则 2 建筑物的形状要与日照条件相对应

根据建筑物的诸多条件，必须做出相应的形状和配置的改变。对于狭小的矩形用地上的低成本住宅建筑，虽然没有办法设计成矩形，如果占地多少有些富余的话，根据诸多条件选择最合适的建筑物形状。特别是日照条件不太好的用地，可以采用下面的各种方法来解决。

矩形建筑物

由南侧邻居所造成的阴影

这是结构上稳定、单位地板面积的成本低的方案。但是，建筑物外观略显单调，必须在设计上下功夫。另外，如果是日照条件差的用地的话，受到南侧用地的影响，所有房间的日照也会受到影响

L 形建筑物

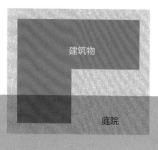

将建筑物的一部分向后移的话，可以带来很多变化，特别是在院子的外观上。另外，对于日照条件差的用地，可以通过向后移的房间等来确保日照。构造上也比较稳定，但屋顶会出现低凹处，这将成为防水上的薄弱环节

钥匙形的建筑

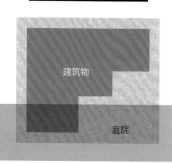

设置很多立面的话，虽然赋予房间布局很多变化，但结构上会存在若干不稳定的因素，也提高了单位地板面积的成本。因为屋顶的形状变复杂了，还需要注意防水施工。但是，对于日照条件差的用地，如果建筑物的形状顺应太阳移动的方向，可以得到长时间的日照

原则3 根据道路的宽度和交通量决定建筑物的形状

根据道路的宽度推算出的道路斜线，限定了建筑物的高度，所以需要注意。另外，根据道路的宽度和交通量等，来考虑车辆的进出的位置和角度等。交通量大的时候，要注意窗户的位置和面积。

为了满足出门方便，且屋顶下可以停下两台车的要求，停车空间被相应地缩减了。因此，建筑物靠近南边布置

原则4 根据地基内部、与周边的高差，改变建筑物的形状

道路与地基的高差和地基内的高差，影响着道路的长度和建筑物的形状。另外，与相邻的土地之间存在高差的话，有必要计算设计用地中相邻土地投下的影子或者给相邻土地投下的影子的面积等。

基准 GL 比道路高出 4 厘米的地基。通向玄关的楼梯台阶的平面，看上去要够宽。凉台在靠路侧没有下降，所以设置了兼作扶手的围屏

邻地 ★

储藏室
厨房
更衣室
玄关　共用房间
走廊
道路
阳台
N

1 楼平面图（S = 1 : 150）

原则5 根据邻近的建筑物决定窗户的位置

当有相邻建筑物时，为了保护彼此的隐私，要考虑能避开视线的窗户的配置。相邻的大型垃圾收集处等碰到一起时，用能避开视线的高窗和地窗来摆脱对面的视线。规划阳台等的时候，要在围墙和位置等方面下功夫。

在 1 楼不受相邻建筑的影子所影响的位置设置西南窗。2 楼转动 45 度，避开了与邻居面对面

原则7 有效利用用地内外的树木

用地内外的树木，能在遮阳、遮挡视线和营造景观等方面发挥作用，另一方面，也有妨碍采光的情况。特别是对于在地基内的树木，应考虑建筑的房间布局等进行有效的配置，如果考虑用地外树木的影响大小而进行规划的话，就比较全面了。

原则6 从围墙的高度、材质方面考虑建筑物和窗的位置

邻家围墙的高度、材质，会影响到由内到外、由外至内的外观，也会影响到日照、通风。因此在决定墙壁的配置、房间的方向、窗户的方向和高度时应考虑一下。

建造房子的时候，很多的业主是以现在的生活状态为前提描绘住宅的样子。养育孩子的话，与如今的育儿生活相匹配的住宅，也就是新建时备齐夫妇将来想要的房间，以及1人1室的孩子房间，地基和预算就有可能超出限度。但是，实际上要在有限的地基、有限的预算内建造住宅。设计就是考虑如何分配这些，这样说也不为过。

试着考虑一下，孩子在上学的几年，相对于夫妇一生使用住宅的时间来说，仅是短暂的。比起将有限的地基和预算分配到只能短暂使用的儿童房上，建造让使用住宅时间最长的夫妇可以享受丰富的晚年生活的房间比较好。

现实中，完全没有儿童房的住宅是让人接受不了的，譬如丈夫喜欢汽车的话就有车库，夫人做手工活的话就有兴趣室，那么就把兴趣室暂时安排在儿童房，孩子独立后恢复原样就可以。

建造育儿用的住宅，不仅仅是建造儿童房。我们作为建造者，应该考虑的不是"建造住处"，而是"使其独立"吧。

图为小孩子在厨房旁边学习的画面

小孩子如果在父母的照看下，在餐厅或者起居室学习的话，会更加安心。这样也有助于促进亲子间的交流，提升学习效果

第**3**章

"郊外型"、"都市型"、"狭小型"

根据房屋用地以及周围的环境参数进行详细设计的技巧

根据房屋占地面积的大小以及周围环境的不同，房间布局设计都会发生相应的改变。

例如对于郊外的大户型来说，通常比较重视一层的庭院设计，但是对于城市的房屋来说，

则更加注重室内外的简洁风格。

下面将列举一些装修范例，从这些样板间的设计风格中，您会学到如何根据周围的布局

进行房间的整体规划。

餐厅和客厅一体化

榻榻米客厅为 4.5 个榻榻米大

沙发是固定式的

LD 的利用情况（左上）
客厅、餐厅的连接方法（上）

吸纳外部空间
郊外型用地的基本规划法则

得益于周边环境，郊外用地质量好且比较开阔。因此，要充分利用郊外用地，这样也可以灵活地营造庭院，形成丰富的生活空间。

01

法则

基本规划法则

- ▶ 除了水房和单人房，其他尽可能设为单间
- ▶ 通过设定水平线和选择做工材料，赋予空间一定的场所性
- ▶ 客厅尚未规划明确的用途，所以采用最低的空间高度
- ▶ 重视餐厅、客厅与外部环境的连接
- ▶ 精心打造共用场所、学习室和儿童房，将儿童房的空间高度控制在最低限度内

b 使用固定式家具的住所

桌椅是固定式的
桌子的高度为窗户能打开的程度（左）
沙发也是固定式的，其高度与榻榻米客厅相匹配（右）

餐厅 + 小型
榻榻米客厅

与凉台相连

c 与客厅一体且富于变化
的凉台

从凉台看榻榻米客厅（左上）
从榻榻米客厅看凉台（右上）
从凉台看外观（下）

带有大大的屋檐

外部门窗引入板
窗盒

凉台很大，带有落差，空间层次
富于变化

方案 主人的家 1 楼平面图（S = 1：150）

数据

主人的家

建在鹿儿岛县的专用住宅。在
确保周边有一定的封闭空间的
基础上，设置大的前厅和主体
庭院，它们与榻榻米客厅相连

设计、施工：大房子设计事务所
家庭构成：夫妇 +2 个孩子
用地面积：190.39 m²
1 楼面积：63.76 m²
2 楼面积：34.36 m²
总面积：98.12 m²

主卧　餐厅　榻榻米客厅　儿童房
大壁橱　厨房　盥洗室　玄关　收纳区　和室
浴室

a 写字的地方
a 位置和视线方向

d 以复式房
连接学习室

以室内挑高与儿童
房相连

与儿童房共用的
桌台

面向室内挑高的桌台（学习机，左）
从挑高上部可以看到LDK（右）

方案 主人的家 2楼平面图（S = 1：150）

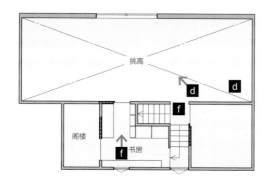

被褥等的收纳空间

e 可以分成
小房间的房间

儿童房旁边的房间

f 书房使2楼具有更
完备的收纳功能

2楼的书房，拥有充裕的收纳空间

a 面向室内挑高的学习室

从 2 楼的走廊（空闲空间）看学习室
前面是儿童房，左侧内部是书房

楼梯

楼上是学习室

从 2 楼向下看餐厅

b 1 楼和 2 楼通过挑高连为一体

c 餐厅内的房间通向儿童房

从餐厅看楼梯
从右侧能看到客厅的电视柜

d 充满封闭感的迷你书房

设置了一个虽小但完全可以容纳一个人的
书房，提升了男主人的幸福感

e 儿童房不能随意建造，严格控制尺度

儿童房的空间得到最优化且最充分的利
用，促进学习室和 LD 等的灵活运用

方案　有庭院的家　2 楼平面图（S ＝ 1 ：150）

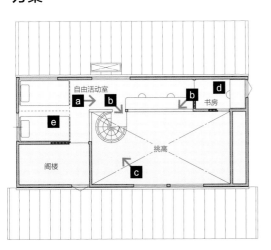

自由活动室

书房

阁楼

挑高

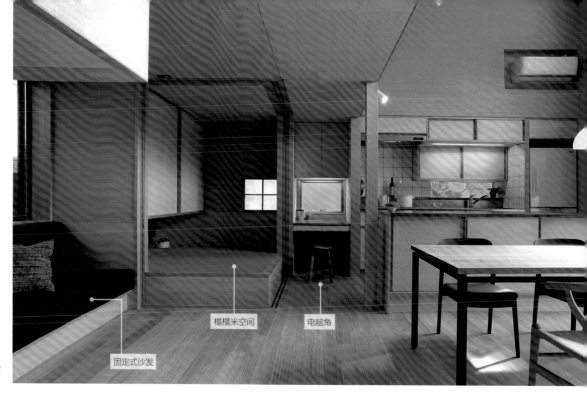

拥有多个角落
的房间

从玄关地板的方向看
LDK

固定式沙发

榻榻米空间

电脑角

学习室在走廊里

b

以 LD 内的楼梯和
挑高营造空间氛围

从玄关处的土间看 LDK
右侧是厨房，从厨房中央能看到
和室，从左侧能看见客厅

楼梯前方是玄关地板

e

水刷石将庭院与玄关地板
连为一体

有质感且高质量的水刷石具有很强的
连续性

水刷石将庭院与
玄关地板相连

d

客厅使用固定式的家具，
效率高

使用尺寸适中的家具，不浪费空间

固定式家具

c

厨房、书房和榻榻米客厅
拥有流畅的活动路线

在电脑上研究烹饪，在榻榻米上叠衣服，
一切都很便利

电脑桌

榻榻米

外部门窗能打开，也
能拉上

f

餐厅以推拉门
与庭院相连

与外部相连的开口一定
能缩进去，打开之后与
庭院完全一体化

数据

有庭院的家

建在鹿儿岛县的专用住宅。
房屋面向户外景观敞开。引
入户外景观，将餐厅的一部
分设置成可以使用的庭院

设计、施工：大房子设计事务所
家庭构成：夫妇 +2 个孩子
用地面积：166.12 m²
1 楼面积：66.66 m²
2 楼面积：19.57 m²
总面积：86.23 m²

方案　有庭院的家　1 楼平面图（S＝1：150）

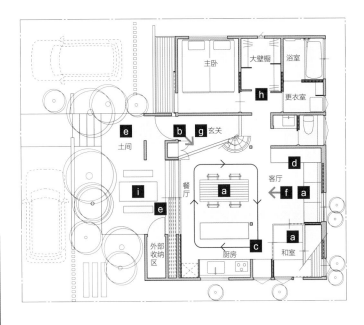

房檐下设置桌椅

宽大的房檐向外延伸

g

玄关与餐厅
直接相连

玄关处不设大厅，直接与餐厅相连

i

设置在庭院中的
第 2 个餐厅

第 2 个餐厅设在庭院，天气好
的时候可以灵活使用

h

简洁、私密的
活动路线

浴室、卫生间、卧室等私密空间的
高效布局

此处设置电视

里面为厨房

竖格子方向是榻榻米

02

a

以餐厅为中心的
舒适空间

近距离观察 LDK
厨房是独立的，与客厅、餐厅融
为一体

令人倍感舒适的居家关怀

都市型用地的
基本规划法则

城市中心的用地在一点点变少。业主对空间规划有很高的要求。
这里介绍都市型基础规划法则。

法则

基本规划法则	▶ 小型 LD（带桌子）+ 和室
	▶ 从玄关开始设置外部活动路线和内部活动路线，分两个方向
	▶ LDK 围绕壁橱，可以洄游
	▶ 水房的设置简化了家务路线

电视柜的一部分
也可以用作书桌

餐厅旁边有
榻榻米

b

书房和榻榻米
的组合

可以在餐厅中的水房里做家务，
提高了空间利用率

C 洄游式厨房

厨房是利用率高的两列型。壁橱的一部分被分割，可以互通洄游

外面是墙，里面是壁橱

墙的后面是厨房

壁橱两边是走廊，可以洄游

d 室内干洗用的小房间

朝南，阳光可以射入室内

洗衣机不在洗手间，设置在这里

由于设置了室内烘干室，流畅的空间动线使洗涤更有乐趣。将来是否设置专门的洗涤空间，可以根据实际生活的需要来决定

方案 I住宅　平面图（S＝1：150）

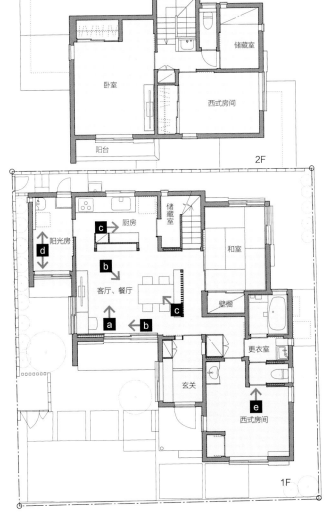

储藏室

卧室

西式房间

阳台

2F

阳光房

厨房

储藏室

和室

客厅、餐厅

壁橱

更衣室

玄关

西式房间

1F

c

d

b

c

a

b

e

数据

I 住宅

建在东京都内，由上一代（母亲一人）和中年夫妇一代组成的两代人住宅。通过共用的水房将供年轻人使用的LDK与母亲的卧室分隔开来

设计、施工：创建舍
家庭构成：夫妇＋母亲＋1个孩子
用地面积：173.94 m²
1楼面积：77.84 m²
2楼面积：43.88 m²
总面积：121.72 m²

里面是儿童房

这里是母亲房

e 两代人共用的洗浴设施

两代人的住宅（父母中只有母亲），可以配置共用的洗浴设施

餐厅上部为通风处，使餐厅更加明亮

在狭窄的通道里也可晾干衣物

打开门窗，可以给客厅通风

楼梯旁边是榻榻米

b 可以分割成小房间的榻榻米空间

可以叠衣服、让孩子玩耍、打滚儿等，能灵活使用的空间

楼梯在餐厅内

年轻一代通常将餐厅作为放松身心的中心地带，因此此餐厅应该是明亮、轻快的

a 带挑高的餐厅

方案 T住宅　平面图（S＝1：150）

窄通道

卧室

挑高

西式房间

大壁橱

屋顶阳台

书房

储藏室

e

2F

从两侧均可进入厨房

d

有两条前进路线的玄关

充分考虑客人到访的情形，设置了两条活动路线——外部和内部

从两个方向可以进入

这一侧也是通道

e

用来晾干衣物的狭窄通道

挑高的天花板处可以用于风干衣物，或者晾干清理门窗的保洁用具

面向室内挑高的狭窄通道

c

开放的洄游式厨房

由于厨房和餐厅不可分割，设计成洄游式比较便利

f

与 LD 相连的宽大的前厅

如果扩大与客厅、餐厅相连的前厅，可以丰富空间的使用功能，人们在此活动也更加方便

数据

T 住宅

建在东京都的专用住宅。1 楼的通道连接 LDK 和水房。良好的空间连续性为业主带来了居住的舒适感和高效的生活

设计、施工：创建舍
家庭构成：夫妇 +1 个孩子
用地面积：190.32 m²
1 楼面积：65.41 m²
2 楼面积：51.17 m²
总面积：116.58 m²

木质凉台　客厅、餐厅　和室　吊式壁橱　玄关　衣鞋柜　厨房　1F

餐厅上部的通风口

a 餐厅里添加小型榻榻米

餐厅餐桌旁的墙壁

客厅是 4.5 张榻榻米大

从厨房看客厅、餐厅

采取纵向堆积的方法，利用户外空间弥补用地的狭小

狭小型用地的基本规划法则

狭小用地中的住宅，只能采取纵向堆积的方法，由于周边环境也在施工中，所以能够向外延展的空间也很有限。为了克服种种困难，需要合理、流畅、高效的布局方式。

法则

基本规划法则

▶ 3 层建筑，LDK 设在 2 楼
▶ 浴室、卫生间在 1 楼，卧室分别在 1、3 楼
▶ 榻榻米 + 固定式的沙发 + 室内挑高 + 宽阔的阳台
▶ 固定餐桌的墙壁

b 与阳台相连，可容纳日式书桌的榻榻米客厅

小型的榻榻米客厅，与阳台相连，空间虽不大，却让人产生开阔之感。同时设置了日式书桌，提高了空间利用率

03

拉窗对面是阳台

壁橱旁边是日式书桌

数据

杂司开谷的家

建在东京都的狭小用地中的 3 层住宅。2 楼布置 LDK；1 楼有水房和音乐室；3 楼如果空间充裕，可以设置卧室

设计、施工：田中工务店
家庭构成：夫妇 +1 个孩子
用地面积：54.88 m²
1 楼面积：29.81 m²
2 楼面积：29.81 m²
3 层面积：28.15 m²
总面积：87.77 m²

方案　杂司开谷的家　平面图（S = 1：150）

1F

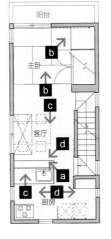

2F

3F

LD 内的楼梯

餐厅上部的小通风口

固定餐桌的墙壁

c

固定通风口和餐桌的墙壁

从客厅看餐厅（左）
从厨房看餐厅、客厅（右）

d

两列型厨房 + 食品储藏室

厨房是两列型的布局（左）
厨房柜台的下部是壁橱（中）
食品储藏室中的壁橱也是两列的

两列型厨房节约了空间

餐厅中可以存放物品

食品储藏室中的壁橱也是两列的，增加了收纳空间

拉窗可以完全打开

卫生间中，为了通风，将门窗全部打开

阳台

a 与阳台相连的 LDK

拉门可以完全打开

从厨房看客厅和餐厅（左）
从客厅看餐厅（右）

厨房旁边的电脑桌

c 厨房旁边的小桌子

厨房旁边有小电脑桌，方便检索食谱

固定安装的壁橱

固定式的沙发下方也有壁橱

b 固定式的沙发，节约了空间

客厅只有固定式的沙发，节约了空间

数据

新井的家

建在东京都的狭小用地中的住宅。虽然小，但储藏室、电脑桌、固定式的沙发等必要的基础设施一应俱全

设计、施工：田中工务店
家庭构成：夫妇 +1 个孩子
用地面积：46.23 m²
1 楼面积：29.10 m²
2 楼面积：31.08 m²
3 楼面积：21.51 m²
总面积：86.69 m²

方案 新井的家 平面图（S = 1：150）

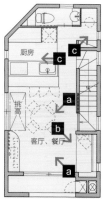

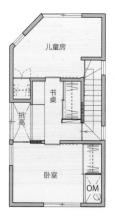

1F   2F   3F

固定安装的书桌

a LDK 中的
书桌带底座

与客厅相连的
阳台

墙上壁橱下
面是桌子

从客厅看餐厅（左）
从餐厅看阳台（右）

c

与阳台相连的
榻榻米

这里可以容纳 3 个榻榻
米，空间虽小，但因为
与户外相连，不会感到
闭塞。壁橱有多种用途

与阳台相连，
不会有闭塞感

容纳 3 个榻榻米
的小空间

b

与两个房间相连
的阳台

两个房间都可以利用阳
台，倍显开阔

从两个方向可
以使用的阳台

方案 松原的家　平面图（S = 1：150）

数据

松原的家

楼高控制在 2.1 米，庭院
借助门廊垫土抬高了地基

设计、施工：田中工务店
家庭构成：夫妇 +2 个孩子
用地面积：97.68 m²
1 楼面积：57.96 m²
2 楼面积：49.58 m²
总面积：107.54 m²

稍高一些的和室

阳台

LDK

c
b
a

1F

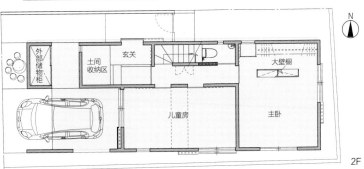

外部储物柜

土间收纳区

玄关

大壁橱

儿童房

主卧

N

2F

卫生间的门是拉门，通常是开着的

a

因为卫生间的门是开着的，所以窗户具有换气的功能

b

隔着走廊与厨房相望的卫生间，如果开门，这个窗户和卫生间的窗户是正对着的

c

从LD看不到通风口

a. 在厨房旁边和后方设置卫生间，便利生活的同时，保护了隐私（新井的家）
b. 通风用的卫生间窗户（新井的家）
c. 厨房旁边的窗户便于卫生间的通风与换气（松原的家）

Topics

考虑客人来访与通风效果的卫生间配置

虽然卫生间是私密空间，但到访的客人也会使用，也需注意其配置。这里介绍一种在狭小的空间内配置卫生间的方法。

设计：田中工务店
参照新井的家（P76）、东小松川的家（P98）、松原的家（P77）

方案 新井的家 平面图（S＝1：150）

这个窗户和卫生间的窗户正对着

最里面是代替客厅的和室，活动路线从这里开始

方案 东小松川的家 平面图（S＝1：200）

窗户在最里面，如果打开，可以通风

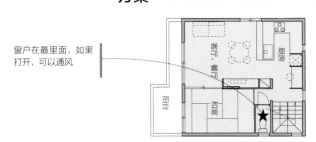

方案 松原的家 平面图（S＝1：150）

窗户在最里面，如果打开，可以通风

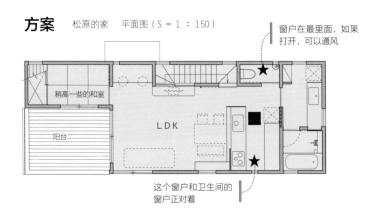

这个窗户和卫生间的窗户正对着

第4章

目前很受业主喜欢
房间布局新方案

现在的房主到底希望得到怎样的房间布局呢?

对于那些装修预算较少,而且房屋位于特殊位置的房屋业主来说,我们应当综合考虑业主的每个苛刻要求,在与房屋设计方及施工方进行充分协商之后,向客户提交设计方案。

本章将就这些最新的设计方案,综合介绍一些最新的设计思想及设计技术。

业主喜欢的房间布局新方案

恰当地处理光线和尺度，
让空间不会产生闭塞感

根据业主的要求，充分利用空间，使
其不令人感到闭塞。

考虑窗户和桌子的距离，
恰当地布置家具

技巧 2 散光射入房屋深处

光线透过阳台窗户（图片正面墙壁的背后）射入房屋

c. 2楼的和室，通过室内挑高与其他部分相连
d. 与和室相连的客厅和室内挑高

方案　南泽的小住宅　平面图（S = 1：150）

透过窗户，阳光洒向1楼

2F

数据

南泽的小住宅

建在东京都的小住宅。业主想要拥有一个专属于自己的家，地板是松木的，门和窗是木质的，天花板用混杂大谷石的灰浆制成

设计：若原工作室
家庭构成：夫妇+1个孩子
用地面积：112.18 m²
1楼面积：48.06 m²
2楼面积：36.51 m²
总面积：84.57 m²

这个部分从只有91厘米的格子中错开，延伸至房屋深处

1F

阳光照射在桌子上

椅子背后的墙壁仅 91 厘米，与倾斜度相比，错开 30 厘米

e. 从客厅看餐厅
f. 图片左边是厨房。从室内挑高看餐厅

方案 南泽的小住宅　平面图（S = 1：60）

光线从阳台射入，从室内窗户射出

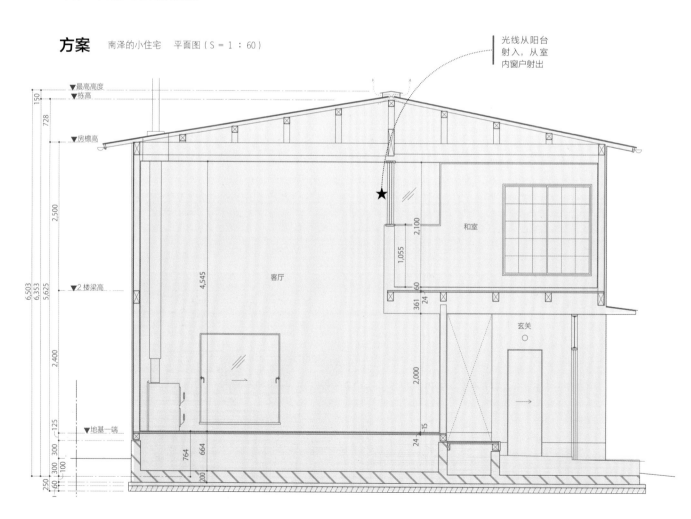

摄影：中村绘（P80~83）

技巧 4 楼梯彰显出房间的品质　　技巧 5 模糊的 LD 空间界限

上楼梯，和室的入口前是天窗

天花板的高度控制在 2.1 米，台阶为 12 段

沙发处（客厅）的天花板向下

h. 楼梯大厅中，如果打开拉门，和室与单人房相连
i. 楼梯处设有书架

从餐厅看客厅
餐厅和客厅相连，共用部分的大小适中

方案　南泽的小住宅　平面图（S＝1：60）

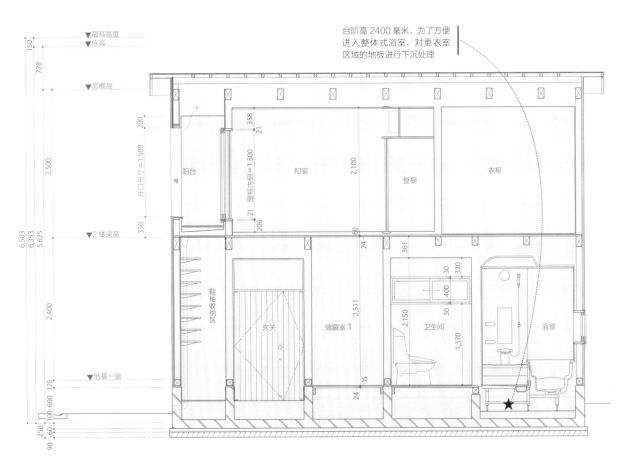

台阶高 2400 毫米，为了方便进入整体式浴室，对更衣室区域的地板进行下沉处理

▼最高高度
▼栋高
▼房檐高
▼2 楼梁高
▼地基一端

150
728
2,500
2,400
600
250
90 60 100
200
6,503
6,353
5,625
125
100

358
21
窗框内侧＝1,500
开口尺寸＝1,500
21
200
350

阳台　　和室　　2,100　　壁橱　　衣柜

鞋柜收纳区
玄关　　储藏室 1　　2,511　　卫生间　　浴室

361
2,150
400
30 320
30
1,370
24 15
24

技巧6 2楼挑高拥有良好的通风和采光

3楼的大窗户引入明亮的光线

挑高和各楼层以透光的橱柜相连

技巧 7 视线可及半地下空间　　技巧 8 引入光线的阳台

这里面积虽小，但是得益于阳台，通风和采光条件良好

地下（1楼FL）仅GL-1米，视线可以畅通无阻地到达户外

e　d

上空间 + 地下空间
地下空间也考虑了预算面积

2楼的私密空间，卧室是阁楼形状的

方案　FIKA 平面图（S = 1：100）　　　　**截面**　FIKA 断面图（S = 1：100）

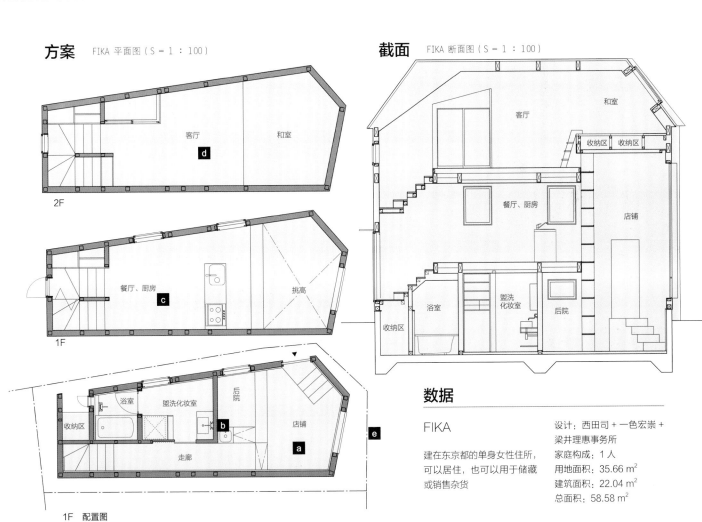

2F

客厅　　和室

d

1F

餐厅、厨房　　挑高

c

1F　配置图

浴室　　盥洗化妆室　　后院

收纳区　　　　　　b　　店铺

走廊　　　　　　　　　　a

e

客厅　　　　和室

收纳区　收纳区

餐厅、厨房　　　店铺

浴室　　盥洗化妆室　　后院

收纳区

数据

FIKA

建在东京都的单身女性住所，可以居住，也可以用于储藏或销售杂货

设计：西田司 + 一色宏崇 + 梁井理惠事务所

家庭构成：1人
用地面积：35.66 m²
建筑面积：22.04 m²
总面积：58.58 m²

技巧 9 走廊和洗浴设施的间隔

打开浴室入口的门，这里就变成封闭的更衣室

厨房也是走廊通道

壁橱的核心是储藏室

a. 兼有洄游式路线的厨房空间
b. 卫生间、浴室等兼有走廊和更衣室的功能
c. 从客厅、餐厅看壁橱的核心

方案

驹形 M 翻新 平面图（S = 1：150）

阁楼

Loft

客厅（卧室）

1F

数据

驹形 M 翻新

五口之家公寓翻新项目。壁橱的核心是储藏室。壁橱核心的上部为孩子用的阁楼，客厅地板的下部也是收纳区

设计：建筑设计研究室
家庭构成：夫妇 +3 个孩子
房龄：15 年
总面积：55.34 m²

技巧 10 大壁橱配置了内部活动路线

最里面的是大壁橱，前面是书房，里面是榻榻米

通道的前面有两列收纳壁橱

榻榻米的里面是大壁橱，内部活动路线非常流畅、便利

穿衣镜中的通道

a.c. 大壁橱是两列的，收纳量足够大
b. 娱乐室和榻榻米的中间是大壁橱
d. 从榻榻米一侧看大壁橱的入口，前面是客厅

方案　大仓山的白蜡树房子 平面图（S ＝ 1 ：150）

数据

大仓山的白蜡树房子

建在神奈川县的专属夫妇 2 人的公寓翻新项目。墙式构造的水房，配置虽然受到些许限制，但设置了两条洄游式的内部活动路线

设计：村上建筑设计室
家庭构成：夫妇
房龄：37 年
总面积：约 100 m²

向外拓展的各种方法

调整内外空间的关系是规划的核心部分。下面介绍引入户外景观的各种方法。

供父母使用的客厅、餐厅面向挑高敞开

案例 1　拓展独立性高的房间

从桌子向挑高敞开

设有独立房间的特殊院子

这个房间可以用于儿女同堂一起居住或者用餐，此外，设置了窗户面向中庭和户外

a. 供父母使用的客厅、餐厅设在离地面近的地方
b. 供孩子使用的客厅、餐厅设在停车场上方
c. 在儿童房中设有专用庭
d. 学习室的内部活动路线也很流畅

方案　日立的二代住宅 平面图（S = 1：200）

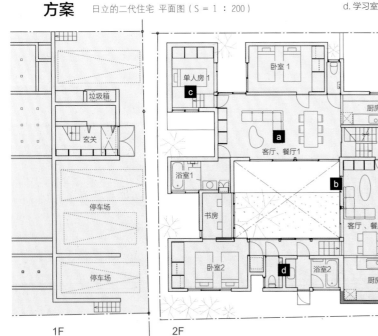

1F

2F

垃圾箱

玄关

停车场

停车场

单人房1

卧室1

厨房1

客厅、餐厅1

浴室1

书房

客厅、餐厅2

阳台

卧室2

浴室2

厨房2

数据

日立的二代住宅

建在茨城县的住宅，成员包括：1 位长辈、夫妇 2 人、3 个孩子，所以也叫 "2.5 代住宅"。设计者努力打造彼此高度独立的房间

设计：纳谷学 + 纳谷新 / 纳谷建筑设计事务所
家庭构成：1 位长辈 + 夫妇 +3 个孩子
用地面积：73.39 m²
1 楼面积：73.39 m²
2 楼面积：62.25 m²
总面积：135.64 m²

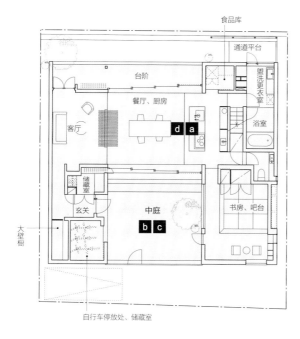

食品库

通道平台

盥洗更衣室

台阶

餐厅、厨房

浴室

客厅

d a

储藏室

玄关

中庭

b c

书房、吧台

大壁橱

自行车停放处、储藏室

数据

太子堂的家

建在东京都的专用住宅。在建筑中心有大餐厅，若门窗全开，会与挑高一体化，将对面打开引入借景庭院，形成内外景色朦胧的开放的空间

设计：S.O.Y 建筑环境研究所
家庭构成：夫妇 +1 个孩子
用地面积：220.14 ㎡
1 楼面积：103.19 ㎡
2 楼面积：54.49 ㎡
总面积：157.60 ㎡

a. 理想的开放式厨房和餐厅
b. 从挑高看餐厅，两面是开放的
c.d. 关闭格子门的挑高

案例 2　打开餐厅，与外部一体化

b

a 通透的空间中，在视觉效果上，让人感觉天井较高，消除了压抑感

屋外挡雨板是可折叠的

d c

以日式拉门营造多元化的空间

方案 川口住宅 平面图（S = 1∶150）

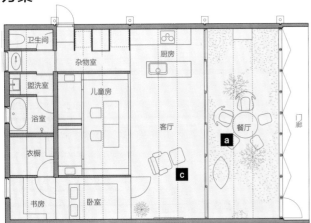

卫生间
杂物室
盥洗室
浴室
儿童房
厨房
衣橱
客厅
餐厅
a
c
门廊
书房
卧室

b

数据

川口住宅

建在山梨县 RC 造的专用住宅。为了充分发挥地块优势，大胆地引入户外景观。房屋布局也是单间式的

设计：保坂猛建筑都市设计事务所
家庭构成：夫妇 +3 个孩子
用地面积：174.48 m²
总面积：102.14 m²

a. 餐厅和外部以木质门窗隔开
b. 从外面看
c. 餐厅、客厅和儿童房是连在一起的

案例 3　餐厅与户外相连，毫无限制

a

地板用灰浆装饰

c

土间兼有玄关的功能

b

这里是餐厅

案例 4　2楼与户外一体化

门窗的外面是户外。除了冬季，门窗平时都是打开的

门窗滑轨

楼梯

从房屋的开口引入光和风

与1楼小庭院相连的平开门

a. 从2楼的餐厅看外部空间
b. 通向1楼庭院的通道
c.d. 从楼梯看房屋的开口

方案　LOVE HOUSE 平面图（S＝1：150）

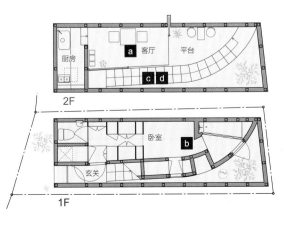

厨房　客厅　平台
2F

卧室
玄关
1F

数据

LOVE HOUSE

建在神奈川县的狭小住宅，供单身人士居住。1楼是私密空间和收纳区，2楼由厨房和大胆引入户外景观的餐厅构成

设计：保坂猛建筑都市设计事务所
家庭构成：夫妇
用地面积：33.16 m²
1楼面积：18.96 m²
2楼面积：18.96 m²
总面积：37.92 m²

由砂砾铺设的庭院中，水盘的深度可以灵活掌握，便于维护

两个房间的两个面，面向户外

木质门窗可以关闭

案例 5 两面向外部大面积敞开

打地基时设置的突出物埋设门窗轨道

若两面都打开，室内外融为一体

a. 从庭院看和室，去掉角柱的构造是大胆的
b. 从庭院看餐厅
c. 客厅与户外一体化
d. 开放的和室

方案 伊予三岛的家 平面图（S＝1：150）

数据

伊予三岛的家

建在爱媛县的专用住宅。利用宽敞的用地，在保留适度封闭的空间的基础上引入户外景观。外部装饰材料使用当地传统的烧焦杉木

设计：S.O.Y 建筑环境研究所
家庭构成：夫妇 +2 个孩子
用地面积：699.80 m²
1 楼面积：122.17 m²
2 楼面积：10.25 m²
总面积：132.42 m²

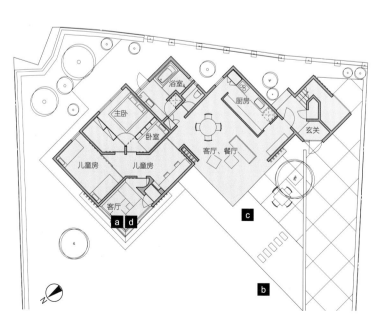

浴室
主卧
卧室
厨房
玄关
儿童房
儿童房
客厅、餐厅
客厅

从左侧可以看到收纳物和收纳空间

以窗帘围合被分隔的单人房

以消除就寝时间的偏差和冷风吹来时的"凛冽感"为目的

以窗帘分隔空间

Topics

以窗帘分隔空间

这里介绍了以窗帘缓慢地分隔空间的方法，它不像使用墙壁那样效果明确，也不像使用门窗那样价格高昂。

方案 东京都 S 住宅 平面图（S = 1：150）

数据

东京都 S 住宅

设计：Freedom 建筑设计事务所
细节参照 P124

方案 千叶县 S 住宅 平面图（S = 1：150）

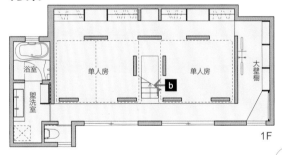

数据

千叶县 S 住宅

设 计：Freedom 建筑设计事务所
细节参照 P113

a. 左侧可以看到窗帘的收纳空间（S 住宅）
b. 用窗帘围合被分隔的单人房（S 住宅）
c. 卧室的中央用窗帘分隔（北浦和的家）

方案 北浦和的家 平面图（S = 1：150）

数据

北浦和的家

设计：努克工作室
家庭构成：夫妇 +1 个孩子
房龄：30 年
总面积：98.41 m²

93

a. 从餐厅看客厅
b. 从客厅看餐厅

餐厅的四周由玄关和水房等公共空间围合而成

小型客厅以沙发装饰，空间紧凑

b a

业主喜欢的房间布局新方案

以餐厅为中心的方案

将辛苦照顾孩子的双职工的聚会场所从客厅移至餐厅

方案　港北 –K 平面图（S = 1 ∶ 150）

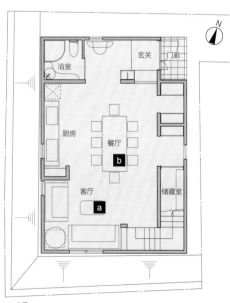

1F

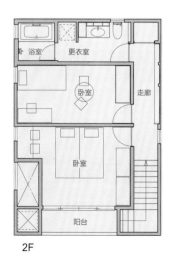

2F

数据

港北 –K

建在神奈川县的专用住宅。为了容纳房主的超大的餐桌，围绕大餐厅配置了各个房间

设计：建筑设计研究室
家庭构成：夫妇 +2 个孩子
用地面积：122.27 m²
建筑面积：66.89 m²
总面积：107.44 m²

技巧 2 将餐厅设在住宅中心的布局规划②

上部空间与DK相连

整齐排列的儿童房，用折叠门分割餐厅

共用的学习室

a. 餐厅上部是天窗。装有反射玻璃的桌子倒映着房间内的景象
b. 儿童房
c. 白天的天窗
d. 夜间的天窗

数据

Daylight House

建在神奈川县的专用住宅。因为户外光照不理想，所以将天花板的大部分作为天窗

设计：保坂猛建筑都市设计事务所
家庭构成：夫妇 +2 个孩子
用地面积：114.09 m²
1 楼面积：73.60 m²
2 楼面积：11.44 m²
总面积：85.04 m²

方案　Daylight House 平面图（S = 1：150）

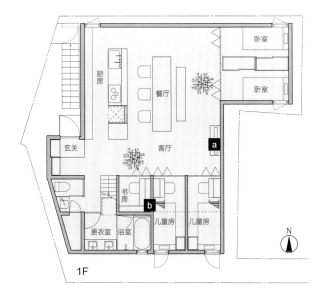

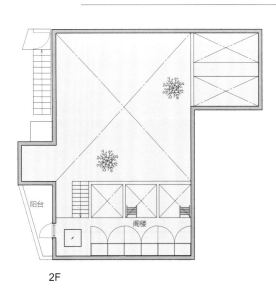

1F

2F

技巧 3 单人房面向餐厅打开

单人房的门窗一般都是开着的

用上部的玻璃营造氛围

楼梯间

a. 从楼梯的侧面看餐厅
b. 楼梯侧面的单人房
c. 从单人房看厨房
d. 从厨房看餐厅和单人房

方案 松户 –O 平面图（S = 1：300）

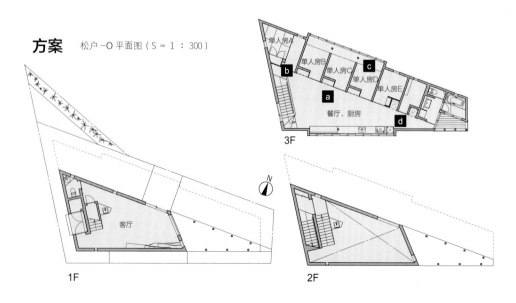

1F

2F

3F

数据

松户 –O

建在千叶县的住宅。每年有两个月将 1 楼作为鸭梨的销售地。3 楼是生活区，如果打开拉门，这里就是一个大的单人房

设计：建筑设计研究室
家庭构成：夫妇 +3 个孩子
用地面积：184.00 m²
建筑面积：105.61 m²
总面积：183.96 m²

技巧 4 在中间楼层插入餐厅

儿童房以复式房相连

儿童房的下方有学习室

厨房柜台也可用作就餐的桌子

a

食品储藏室和家务室等区域的收纳空间非常充足

c

共用的书桌

b

a. 中间层的客厅、餐厅、厨房和儿童房
b. 设在儿童房下方的学习室
c. 食品储藏室和家务室

方案　FLOTING BOX 平面图（S = 1 : 200）

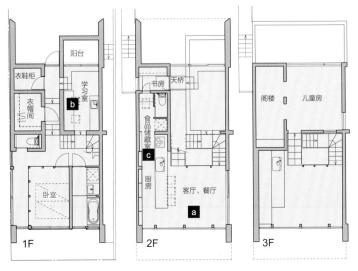

1F

阳台
衣鞋柜
衣帽间
学习室
b
卧室

2F

书房　天桥
食品储藏室
c
厨房
客厅、餐厅
a

3F

阁楼　儿童房

数据

FLOTING BOX

建在东京都中野区的专用住宅。彼此独立的房间和壁橱由 LDK 和家庭成员共用的学习室连接的复式房构成。各空间的关系都很明确，它们就好像飘浮在空中的箱子

设计：西田司 + 后藤典子 / 设计
家庭构成：夫妇 +3 个孩子
用地面积：134.99 m²
1 楼面积：48.56 m²
2 楼面积：48.18 m²
总面积：96.74 m²

技巧 5 以餐厅与和室弥补被从略的客厅

餐厅上部设有通风孔

用来固定餐桌的两处墙壁

榻榻米代替了客厅

关上门窗，这里成了客厅

a. 餐厅厨房
b. 从阳台看榻榻米空间
c.2 楼由餐厅厨房和榻榻米构成

数据

东小松川的家

建在东京都的 3 楼木质专用住宅。1 楼设有水房，2 楼配有 LDK 和单人房

设计、施工：田中工务店
家庭构成：夫妇 +1 个孩子
用地面积：81.43 m²
1 楼面积：30.63 m²
2 楼面积：43.76 m²
3 楼面积：37.88 m²
总面积：112.27 m²

方案 东小松川的家 平面图（S = 1 : 200）

1F

2F

3F

技巧 6 开放的餐厅 + 小型客厅

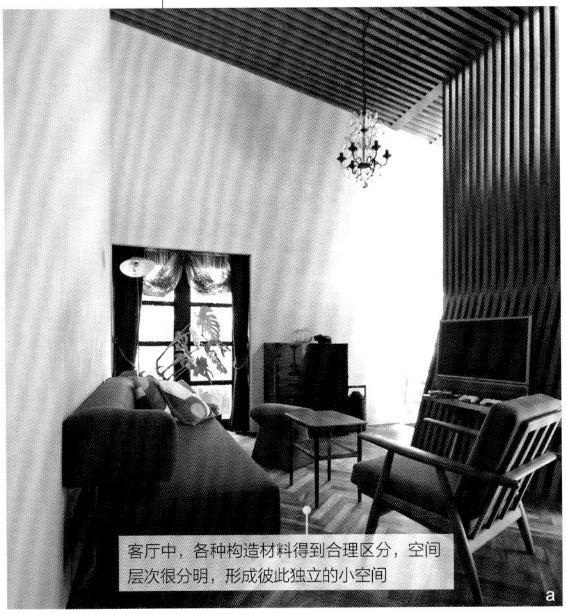
客厅中，各种构造材料得到合理区分，空间层次很分明，形成彼此独立的小空间
a

方案 太子堂的家 平面图（S = 1 ：150）

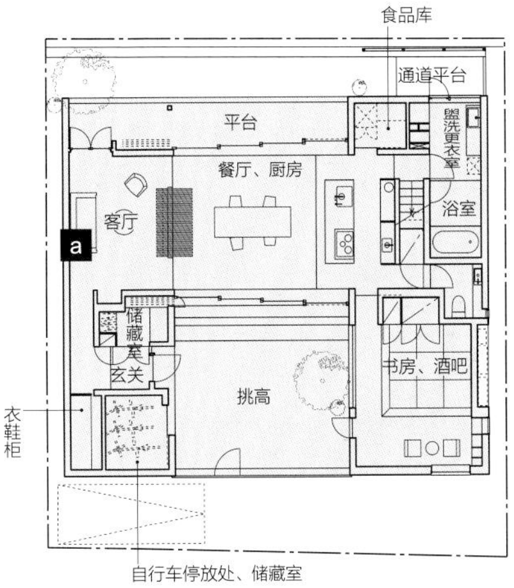
食品库
通道平台
平台
盥洗更衣室
餐厅、厨房
浴室
客厅
a
储藏室
玄关
书房、酒吧
挑高
衣鞋柜
自行车停放处、储藏室

a. 客厅中的小空间以成排的柱子分隔开来

数据

太子堂的家

细节参照 P89

设计、施工：S.O.Y 建筑环境研究所

家庭构成：夫妇 +1 个孩子

用地面积：220.14 m^2

1 楼面积：103.19 m^2

2 楼面积：54.49 m^2

总面积：157.60 m^2

技巧 7 在庭院中设置第二个餐厅

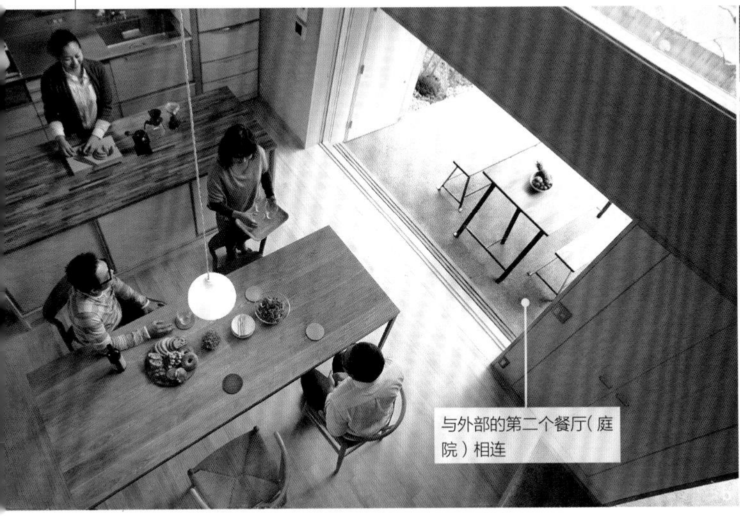
与外部的第二个餐厅（庭院）相连

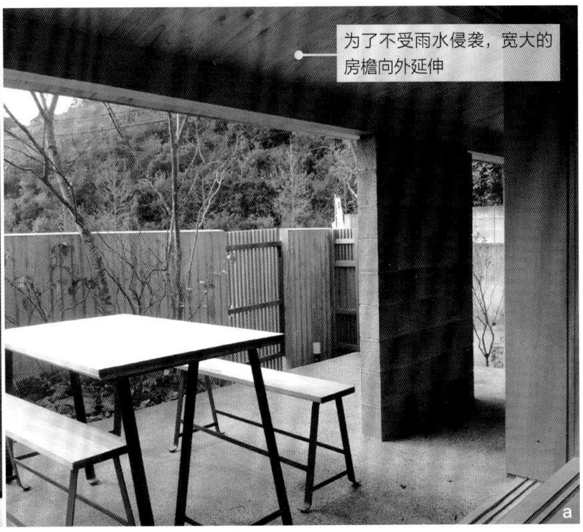
为了不受雨水侵袭，宽大的房檐向外延伸
a

a. 从餐厅看庭院

b. 从 2 楼看餐厅和与之相连的庭院

方案 有庭院的家 平面图（S = 1 ：250）

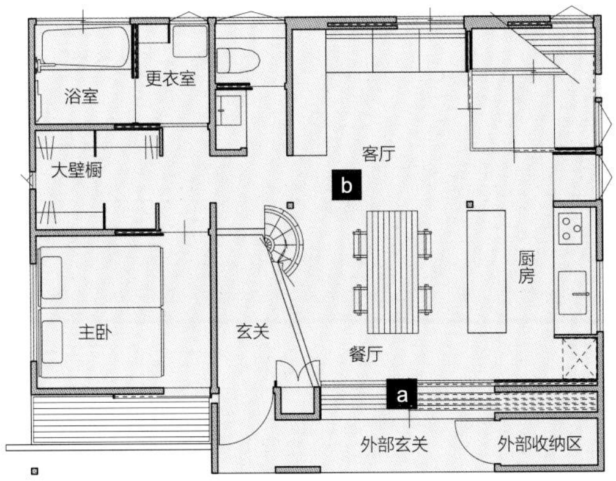
浴室
更衣室
大壁橱
客厅
b
厨房
主卧
玄关
餐厅
a
外部玄关
外部收纳区

数据

有庭院的家

细节参照 P67

设计、施工：大房子设计事务所

家庭构成：夫妇 +1 个孩子

用地面积：166.12 m^2

1 楼面积：66.66 m^2

2 楼面积：19.57 m^2

总面积：86.23 m^2

为孩子们营造舒适的居住环境

儿童房虽然面积不大，但对于它的有无和配置，
业主做了比较细致的考虑。
下面介绍共用性很高的儿童房的布局方法。

案例 1　面积不大的儿童房和学习室

2 楼有大桌子和共用的学习室

儿童房的空间狭小，
与 LD 相接

学习室借助挑高与
LDK 相连

a. 共用的学习室
b. 学习室借助挑高与 LDK 相连
c. 2 间儿童房

方案　奥泽的住宅 平面图（S ＝ 1 ：150）

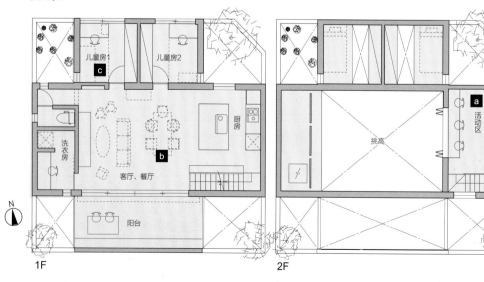

1F

2F

数据

奥泽的住宅

建在东京都的住宅。2 楼挑
高的 LDK 周围设有房间。
用地的周围有小庭院，在室
内任何地方均可看见庭院

设计：纳谷学＋纳谷新／纳
谷建筑设计事务所
家庭构成：夫妇＋2 个孩子
用地面积：252.82 m²
1 楼面积：108.48 m²
2 楼面积：68.75 m²
总面积：177.23 m²

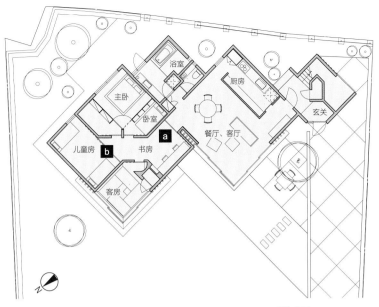

方案 伊予三岛的家 立断面图（S = 1 : 250）

截面 伊予三岛的家 平断面图（S = 1 : 250）

数据

伊予三岛的家

建造概况参照 P92

设计：S.O.Y 建筑环境研究所
家庭构成：夫妇 +2 个孩子
用地面积：699.80 m²
1 楼面积：122.17 m²
2 楼面积：10.25 m²
总面积：132.42 m²

a. 与寝室、餐厅、儿童房相连的共用书房
b. 共用的儿童房

与客厅相连的儿童房

前面有共用书房

案例 2 儿童房和共用书房

与孩子共同使用

与儿童房相连

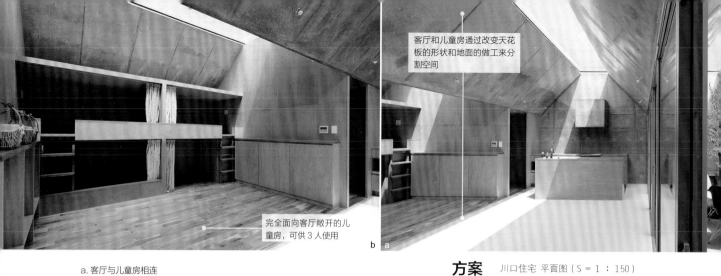

客厅和儿童房通过改变天花板的形状和地面的做工来分割空间

完全面向客厅敞开的儿童房，可供3人使用

b a

a. 客厅与儿童房相连
b. 可供3人使用的儿童房

案例 3　**与客厅一体化的共用的儿童房**

川口住宅

设计：保坂猛建筑都市设计事务所
细节参照 P90

方案　川口住宅 平面图（S = 1：150）

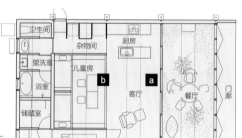

LD 和儿童房通过开阔的室内挑高相连

共用的学习室

儿童房是单间，以家具装饰

c b a

a.2 楼的儿童房是单间
b. 设在楼梯下的学习室
c. 从室内挑高看 2 楼

案例 4　**开放的儿童房与学习室相连**

宇都宫 -U

设计：建筑设计研究室
细节参照 P112

方案　宇都宫 -U 平面图（S = 1：150）

1F

2F

撮影：平林勝己（宇都宫 -U）

后面为共用的桌子和儿童房

在图片的前面设置床等家具

从室内挑高看榻榻米和儿童房

方案 小南的家 平面图（S＝1：150）

案例 5

儿童房与 LD 通过挑高相连

小南的家

设计、施工：大房子设计事务所
细节参照 P65

主卧　餐厅　榻榻米客厅 **b**　**a** 儿童房
大壁橱　　　　　　　　　　和室
浴室　厨房　盥洗室　玄关　收纳室

上面是阁楼

a. 服务区假定为孩子们的休息室
b. 收纳室的上部有阁楼，供孩子们使用

前面是服务区

方案 驹形 M 翻新 平面图（S＝1：150）

案例 6

阁楼和服务区

驹形 M 翻新

设计：建筑设计研究室
细节参照 P86

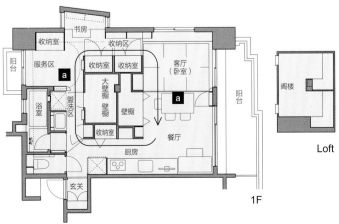

书房
收纳室　收纳区
阳台　服务区 **a**　收纳室　收纳室　客厅（卧室）
大壁橱　壁橱
浴室　盥洗区　壁橱 **a**　阳台
收纳室
厨房　餐厅
玄关

1F

阁楼

Loft

从厨房、餐厅看学习室

学习室（家庭活动室）柜台的上、下确保有足够的书架

a. 学习室（家庭活动室）中的柜台和壁橱
b. 从餐厅看学习室。因为墙壁的分隔，视线有所阻挡

案例 7　**餐厅旁边的学习室**

方案　保谷的家 平面图（S = 1：150）

数据

保谷的家

设计：奥山裕生设计事务所
家庭构成：夫妇 +2 个孩子
用地面积：95.34 m²
1 楼面积：43.88 m²
2 楼面积：44.72 m²
总面积：88.60 m²

2F

柜台被客厅和榻榻米稍稍遮挡

坐在矮炕上，可将榻榻米上的柜台用作桌子

a. 从榻榻米看客厅、厨房，远看桌子及其周围
b. 客厅和榻榻米以桌子稍稍分隔

案例 8　**充分利用榻榻米和矮炕的桌子角**

方案　东村山的家 平面图（S = 1：150）

数据

东村山的家

设计：努克工作室
家庭构成：夫妇 +2 个孩子
用地面积：35.84 m²
1 楼面积：52.97 m²
2 楼面积：44.61 m²
总面积：97.33 m²

1F

摄影：渡边慎一（下图）

a. 设在儿童房上方的阁楼
b. 客厅旁的儿童房。从里面可以看到固定的书桌

对面的墙壁配有书桌和壁橱，将来可用来分隔房间

地面铺设榻榻米，可作为孩子的休息室

数据

东京都 A 住宅

设计：Freedom 建筑设计事务所
家庭构成：夫妇 +2 个孩子
用地面积：95.38 m²
1 楼面积：51.23 m²
2 楼面积：51.84 m²
总面积：103.07 m²

方案　东京都 A 住宅 平面图（S = 1∶150）

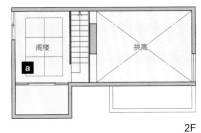

案例 9　**客厅旁的儿童房和阁楼**

1F

2F

儿童房的上部设有阁楼，先设定为休息室和收纳区

壁橱架可移动，可置于房间中央，起到分隔作用

a. 房间的上部设有阁楼，从东、西两侧均可上下
b. 儿童房的情景，前面为可灵活分隔的壁橱

案例 10　**用可移动的架子分隔儿童房**

数据

东村山的家

设计：后利工作室
细节参照 P104

方案　东村山的家 平面图（S = 1∶150）

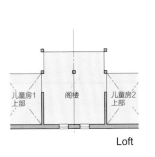

2F

Loft

在对有限的空间进行高效利用的基础上，为精力充沛的男孩打造让其尽情玩耍的房间

a

与3室相连的阁楼

可以和厨房中正在烹饪的母亲交流的小窗

阁楼的升降柱

业主喜欢的房间布局新方案

有男孩的家和有女孩的家

儿童房可根据性别、年龄、人数构成进行改建。下面介绍一些可供孩子们或兄弟姐妹交流、互动的房间布局方案。

摄影：石井雅義（P106～109）

可以看到孩子是否起床的半透明聚碳酸酯书架背板

不易受损的槐木地板

技巧 2 增加开放式卫生间和小便器

旁边设置洗衣机

只供男孩使用的开放式卫生间

一个是单人卫生间，另一个设置在更衣室，为开放式卫生间
设有两个卫生间，避免混杂

技巧 3 桌子和壁橱可以共同使用

内设室内烘干单元

洗衣机被藏在百叶墙壁里

儿童房的共用区域设有收纳区和书架，桌子比较大，
可以容纳 3 个人

数据

带庭院的家

Y 住宅，有兄弟 3 人。客厅横向有 3 个角落，分别设置儿童房，以阁楼相连。小卧室归 11 岁的长男使用，大的房间为老二、老三所共有。将来也可分隔成 3 个房间，或者拆除墙壁，变成一个房间

设计：井川建筑设计事务所
施工：大崎材木店
家庭构成：夫妇 +3 个孩子
（长子 + 次子 + 老三）
用地面积：606.62 m²
建筑面积：147.46 m²
总面积：122.98 m²

从阁楼的小窗户看客厅中的三兄弟
阁楼梯子上，竖直的柱悬垂下来
（图片提供：井川建筑设计事务所）

方案　带庭院的家　平面图（S = 1：200）

防盗用的百叶窗墙壁

通过挑高可以看到儿童房的情况

可移动的收纳空间

e.f. 与男孩相比，女孩可以共用的地方更多，卧室也可以被可移动的壁橱所分隔。但是，卫生间等很私密的地方最好设置两个

g. 从外部进入很难，且从任何房间都可以看到挑高中嬉戏的姐妹，形成了防范面。挑高中姐妹的房间和家庭空间之间保持适当的距离，青春期的孩子也可以一起愉快地玩耍

方案　两个女孩的父母家 平面图（S = 1：200）

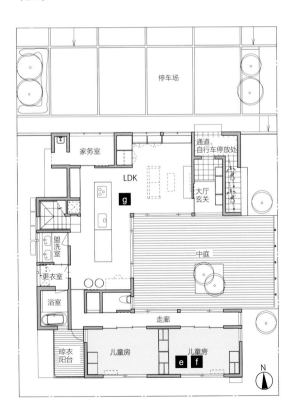

数据

两个女孩的父母家

充分考虑两个女儿与父亲之间的距离。孩子生活区在1楼，主休息室在2楼。以挑高连接所有房间，良好的距离感是其特点

设计：井川建筑设计事务所
施工：自然和住宅研究所
家庭构成：夫妇 +2 个孩子（长女 + 次女）
用地面积：318.00 m²
建筑面积：120.90 m²
总面积：150.71 m²

技巧 5 年龄差大的兄弟也可以有面积差

用许多方法打造而成的书桌

祖父母住的地方可以看见母亲房间的情况

里面是孩子房间

将来可能用作儿童房的储藏室

h.i.j. 厨房背面设有小卧室（右）和大卧室（中央），大的是长女的房间。由于两个孩子的年龄相差 10 岁以上，所以暂时不用为年龄小的孩子设置单独的房间，小卧室可以作为储藏室。厨房中横向的桌子，可供母女使用

数据

装有格栅式屋檐的家

这里是家庭成员聚会的场所，它围合出简单的房屋布局。根据房主的要求，在儿童房里设置了进入客厅的缓冲地带

设计：井川建筑设计事务所
施工：大琦材木店
家庭构成：夫妇 +2 个孩子（长女 + 长男）
用地面积：299.58 m²
建筑面积：125.59 m²
总面积：117.56 m²

方案 装有格栅式屋檐的家 平面图（S = 1：200）

截面 装有格栅式屋檐的家 断面图（S = 1：150）

长女的房间

长女、长男共用的房间

一个房间可以设置许多功能区

用一个房间汇集 LDK 时，场所的表现方法及其具有的相应功能也是问题。
下面介绍 3 种方法。

案例 1 设置楼梯差

以各种尺寸家具分隔空间

窗户是水平线相同的连窗

借助用地内的斜坡，在空间中设置台阶高差

a. 从和室看客厅、书房
b. 从餐厅看书房、客厅
c. 从客厅看外面

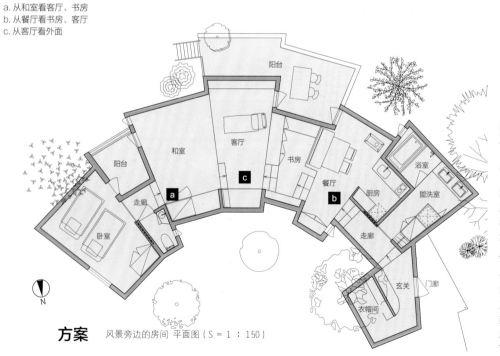

方案 风景旁边的房间 平面图（S = 1：150）

阳台
和室
客厅
书房
阳台
浴室
a
c
b
走廊
卧室
餐厅
厨房
盥洗室
走廊
玄关
门廊
衣帽间
N

数据

风景旁边的房间

建在轻井泽的、供夫妇周末度假用的住宅。除去休息室和浴室，只有一个大空间。大气的布局是其特点

设计：西田司 + 稻山贵则设计事务所
家庭构成：夫妇（+2 只狗）
用地面积：1018.39 m²
建筑面积：115.66 m²
总面积：95.19 m²

方案 生活中的屋顶 平面图（S = 1：150）

a. 从餐厅看厨房
b. 空间上部全部是连续的
c. 彼此关联的单人房
d. 从和室看专用庭

数据

生活中的屋顶

建在茅崎的专用住宅。各个房间的分隔不明显，门窗、壁橱、庭院，好像被封闭了一样

设计：西田司 + 万玉直子设计事务所
家庭构成：夫妇
用地面积：373.91 m²
建筑面积：118.82 m²
总面积：11.03 m²

案例 2 插入中庭

打开折叠门，和室和餐厅是一体的

各个空间与各个中庭相连

各个空间都有专用庭

以推拉门分隔单人房

数据

宇都宫 -U

建在栃木县的专用住宅。它是开放的，模糊了公共空间和私密空间的界限

设计：建筑设计研究室
家庭构成：夫妇 +2 个孩子
用地面积：209.31 m²
建筑面积：67.08 m²
总面积：117.89 m²

方案 宇都宫 -U 平面图（S＝1：200）

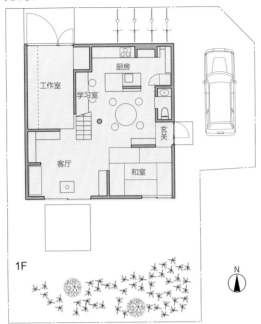

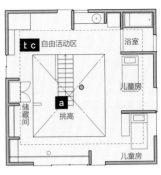

1F

2F

a. 2 楼的整体布局
b.c. 像走廊一样，部分空间中竖立着墙壁，以家具为背景

案例 3 　　竖立的墙壁，成为景色的一部分

2 楼是回廊一样的空间，里面竖立着作为各自空间记号的墙壁

通道背景墙壁上的花纹

案例 4　以墙壁和窗帘装饰居所

客厅和餐厅以细刨花水泥板的墙壁分隔

围合单人房的窗帘

窗户的开口处设置大的木百叶窗

围合单人房的窗帘。窗户的木百叶窗与其色泽相配

a. 从客厅看餐厅、厨房
b.c. 从 1 楼的走廊看挑高，右侧是单人房
d.1 楼的单人房打开窗帘，这里是开阔的单人房的一部分

方案　千叶县 S 住宅 平面图（S = 1：150）

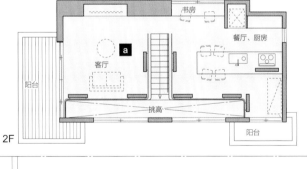

书房

餐厅、厨房

客厅

阳台

挑高

阳台

2F

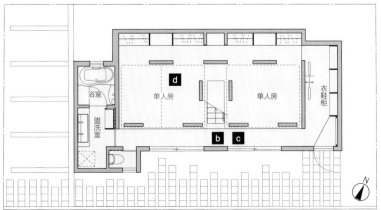

浴室

盥洗室

单人房

d

单人房

衣鞋柜

b　c

N

1F

数据

千叶县 S 住宅

年轻夫妇的住宅。1 楼和 2 楼都由没有墙壁的单人房构成，以细刨花水泥板的墙壁和窗帘逐渐分隔空间和视线

设计：Freedom 建筑设计事务所
家庭构成：夫妇
用地面积：141.00 m²
1 楼面积：56.27 m²
2 楼面积：38.85 m²
总面积：95.12 m²

技巧 1 玄关可以有多种用途

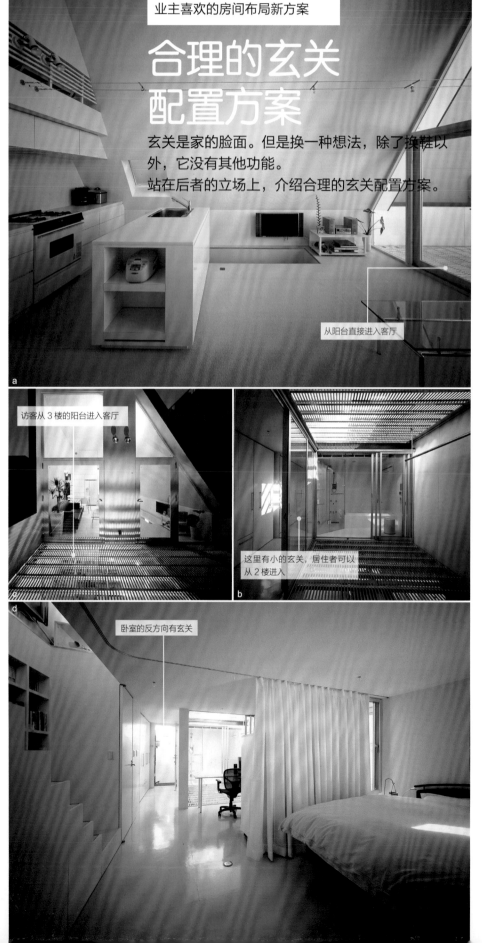

业主喜欢的房间布局新方案

合理的玄关配置方案

玄关是家的脸面。但是换一种想法，除了换鞋以外，它没有其他功能。
站在后者的立场上，介绍合理的玄关配置方案。

从阳台直接进入客厅

a

访客从 3 楼的阳台进入客厅

这里有小的玄关，居住者可以从 2 楼进入

b

d

卧室的反方向有玄关

数据

世田谷 -S

建在东京都的小型专用住宅。1 楼设有跳舞工作室，2 楼和 3 楼高效地配置生活空间

设计：建筑设计研究室
家庭构成：夫妇
用地面积：70.00 m²
建筑面积：42.00 m²
总面积：115.91 m²

方案　世田谷 -S 平面图（S = 1：200）

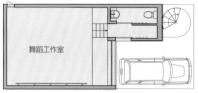

a.3 楼的 LDK
b.2 楼的阳台
c. 与 LDK 相连的阳台
d. 从 2 楼的卧室看玄关

技巧 2 从挑高和车库直接进入各个房间

从车库进入房间

主要出入口建有房檐

鞋柜

设有多个出入口

a. 从客厅看外部的车库
b. 设在客厅出入口的房檐
c. 从客厅看餐厅

方案　流山 -K 平面图（S = 1 : 200）

餐厅、厨房

挑高　书房

客厅

车库

1F

浴室　卫生间

盥洗室　卧室

儿童房

屋顶阳台

2F

数据

流山 -K

建在千叶县的专用住宅。将挑高和车库置于缓冲地带，既使用了大的玻璃面，又保护了隐私

设计：建筑设计研究室
家庭构成：夫妇 +2 个孩子
用地面积：132.00 m²
建筑面积：59.81 m²
总面积：112.26 m²

针对老年人和残疾人的舒适布局

老年人和残疾人需要家人照顾，舒适的布局对其至关
重要，也就是说，布局要"无障碍"。
这里介绍方便轮椅自由出入的布局方法。

方便轮椅自由出入的玄关

要点 1

轮椅的种类和使用方法
除了一般的手动轮椅，还有电动轮
椅。根据轮椅的尺寸和大小，需要对
其移动的必要空间进行修改。而且，
有外用和内用两种不同的情况。

▶ 轮椅和步行器的保管空间

要点 2

无须借助外力也可自由升降
玄关处如果空间充足，可设置一人升降
的梯度。如果有外力的帮助，也可设置
简单安装的暂时性梯度。梯度设置的原
则是不要让人因上下楼而感到疲劳。

▶ 推荐一个人就可以操作的
落差升降机

设计原则：健康生活，方便出入。
在有家人照顾的时候，残疾人尽
量减少外出，待在家里；如果残
疾人需要单独外出，方便其自由
出入是设计的宗旨。

要点 3

便于穿鞋、脱鞋和换鞋
轮椅使用者也要穿鞋、脱鞋和换鞋。鞋子
摆在地上，轮椅使用者穿鞋、脱鞋和换鞋
会很费力，所以最好有可以方便地乘坐轮
椅穿鞋、脱鞋和换鞋的壁橱。而且，玄关
处要有轮椅和步行器的存放空间。

▶ 壁挂式鞋柜，下面是存放
轮椅的空间

要点 4

巧妙地设置防滑设施
被雨水淋湿后，使用轮椅和步行器时，
有打滑、摔倒的危险。因此，地板铺设
防滑性高的材质。同时，避免让雨水侵
袭屋顶和房檐。

▶ 推荐铺设花砖地毯，便于更
换且让轮胎的脏污快速地脱落

要点 5

到玄关的距离要短
从房间到玄关的移动路径，不要设计高
度差，同时要考虑通路的幅度。为保证
轮椅可以自由地改变方向，至少要留有
直径为 140 厘米的圆形空间。

▶ 卧室被设置在玄关的附
近，这样会很方便

洋房般的和室

和室的榻榻米用复式地板代替。隔扇变为拉门，地板与客厅相连。以小橱柜代替抽屉，看护器具和衣物等生活用品由本人自己存取。

专为轮椅出入设置的玄关

约 7 平方米的专为轮椅设置的玄关，确保留有外用轮椅、内用轮椅、步行器、拐杖、看护器，以及鞋子、上衣的存放空间。而且，为了不让升降机夹到孩子，在房檐凸出的地方安装能够从两侧开关的锁，防范于未然。手指不便时，也可用自动门（卡片钥匙）开关。

环岛型厨房便于移动

改造前的厨房与餐厅相隔，是"走不过去"的布局。因此，把厨房设置为"环岛型"，便于出入。开放的洗涤池让坐在轮椅上的人也可在此清洗蔬菜、水果和衣物。

轮椅路线和家务路线的"两立"

为了确保通畅的轮椅路线，最好不要在地板上放置架子和物品。增设的食品储藏室可以用来放置多余的食物。新设的卫生间可以容纳原来无处放置的洗衣机，还可以从后门运送食品和垃圾。家务路线也变短了。正所谓"一石二鸟"。

杂乱无章而仅仅"大"是不行的

乘坐轮椅，不方便出入庭院。在这里设置了一个前厅，从庭院出来，豁然开朗。轮椅的回转空间至少为直径 140 厘米的圆形。大的前厅，在发生火灾等紧急情况时，也可以成为避难所。

数据

Y 住宅翻修工作

设计、施工：阿部建设
家庭构成：夫妇（丈夫是残疾人）+1 个孩子
总面积：106.1 m²

Before

After

（S = 1：150）

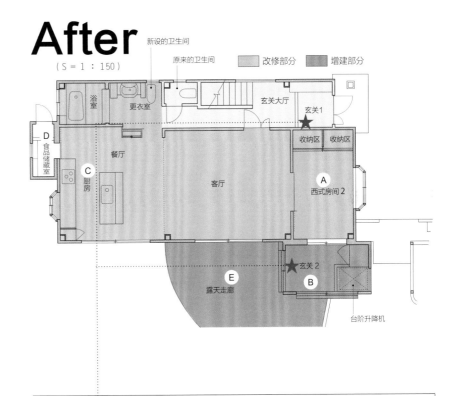

推荐！ **方案** **设置 2 个玄关**

在 Y 住宅，为了方便全家人出入，有 2 个玄关，一个是专为轮椅出入设置的，一个是供其他家庭成员使用的。专为轮椅出入设置的玄关设有升降机，不需要家人的帮助，残疾人也可以方便地出入家门。借助升降机上楼后，有室内轮椅的换乘空间，从这里可以直接移动到卧室（洋房）。通道中设有屋顶，避免被雨水淋湿。而且，出入口不要太暗，房顶安装强化玻璃，可以充分采光。夜晚，使用人体感应器进行照明，提高了空间的安全系数。

方便生活的浴室、卫生间

老年人和残疾人的住宅中，浴室、卫生间是最令设计者头疼的场所。如果空间广阔，像弯腰台等自由的布局方式才有可能，但大多数情况下空间有限，而且考虑到老年人和残疾人的身体状况，一些可变性因素也必须加以权衡。

新设在丫住宅化妆更衣室的卫生间和可移动的电动浴槽

要点 1

排便花费的时间

通常情况下，老年人和残疾人排便花费的时间比较多，有时甚至 1 个小时，这样就会出现其他家庭成员无法使用卫生间的情况，而且老年人和残疾人排便时需要使用特殊的排便设施。因此，这些情况应该充分考虑。

▶ 多功能卫生间虽好，但最好有 2 个卫生间

要点 2

卫生间的规模

应该为残疾人保留直径 140 厘米的圆形空间。电动轮椅则需要面积更大的空间。规划时要确认好轮椅的大小。出入口最好是拉门式的。

▶ 下面的水池如果可以打开，乘坐轮椅也可以使用水池

要点 3

水池的使用

下面的水池如果不能打开，乘坐轮椅就够不到水龙头，很难使用。而且，由于老年人和残疾人经常使用器具等，所以洗脸盆（10 升）最好是容量大的。

▶ 供佣人或护工使用的盥洗室配有卫生用品

要点 4

洗澡的方法

带电动换乘台的专用浴缸约 4.95 平方米。如果空间广阔，自由的布局才有可能，例如，设置弯腰台等，这在许多有限的空间中要下很大功夫。

▶ 空间有限时，将浴槽更换为换乘台，这样效果最好

要点 5

出入口的高度差和装饰

浴室的出入口基本是拉门式的，设有斜面。在换衣侧的地板上，推荐使用防滑、防污的轮胎。更衣室和浴室中设有防止热休克的空调。

▶ 位置最近的浴缸被设置在平坦的地板上，没有高度差，最好带有暖气

要点 6

扶手的设置

扶手是被频繁使用的，需要高水平的设置技巧。而且，根据使用者年龄和自理能力的不同，需要变换不同的位置。以后也可增大底层的宽度。

▶ 增大底层的宽度，充分考虑一些可变性因素

※p116 至 119 所述的内容，仅仅是举例说明，根据残障人士的具体情况和身体状况的不同，将会采取不同的对应措施。

针对老年人和残疾人的友好型布局

A

90 度旋转的浴槽

为了让轮椅安全移动到浴槽，浴槽进行了 90 度旋转。由于成本和面积的限制，无法使用有换乘台的浴缸。因此，把浴槽作为换乘台，采用公寓改装的专用浴缸。浴室出入口处是平坦的，即使不设置斜坡且没有高度差也可以。

B

兼有扶手功能的洗浴钩

为了能够坐在换乘台上洗澡和洗头，安装了洗澡水栓。节水型喷嘴可操作性强且便于使用。洗浴钩兼有扶手功能，洗澡和洗头的同时，还可以进行其他的活动。这种洗浴钩的安全性能高，乘坐轮椅的残疾人不易摔倒。

C

与医疗人员交换意见

北侧洋房的一部分用作卫生间。K 先生为左撇子，将排便时的必备用品放置于左侧。在建造过程中，设计者与医疗人员交换意见，将新设卫生间的扶手进行了改造。扶手可根据一些可变性因素进行位置调整，上、下方向可进行微调。

D

卫生间的水池

新设的卫生间里有老年人和残疾人的专用水池。这里配备了水栓和各种卫生用品，它们对于老年人和残疾人来说是易于操作的。起初，老年人和残疾人对在住宅中设计两个卫生间非常不理解，经过设计者的耐心解释，他们终于理解了其必要性。

数据

K 住宅改修工程

设计者对因交通事故损伤骨髓而在轮椅上生活的 K 先生的住宅进行了无障碍式改建。住宅是公寓式的，地板不会造成任何障碍，客厅和走廊的面积也足够大。改建的难点是用水场所。不能施工的主体部分和不能拆卸的耐力壁、柱、梁等，这些如何处理，成为提案的要点。

设计、施工：阿部建设
家庭构成：双亲 +K 先生本人
总面积：115.8 m²

重要！ 室内温度条件的改善

老年人和残疾人对水温的变化不敏感，为此伤到身体并不奇怪。比如下肢麻痹的残疾人，下肢感受不到水温。如果地板附近的温度过低，他们也感觉不到。等到身体发冷的时候，可能已经发烧了。老年人也如此。因此，减小室内空间和生活设施的温度差，预防热休克是必要的。

Before

After

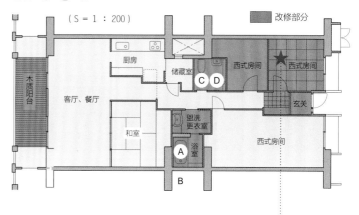

（S = 1：200） 改修部分

推荐！ 方案 地板上铺设地毯

进入玄关后，右侧是 K 先生本人的房间。从玄关进入房间时是否有轮椅的旋转空间（至少是直径 140 厘米的圆形）是问题的所在。幸运的是，这些大体能够保证。玄关的部分地板与房间的地板铺设了 50 厘米的地毯。外用轮椅产生的垃圾和灰尘可以被地毯清除，地毯弄脏时便于更换。在房间内换乘内用轮椅。

泥地板旁边的单人房分为两个小屋

玄关的门被打开，
与户外连为一体

门的后面用来存
放杂物

抬升的地方可以
当作坐凳

a. 从土间看里面的单人房
b. 土间的灵活运用
c. 从玄关看土间
d. 从土间看玄关

业主喜欢的房间布局新方案

使用方便的
收纳方案

收纳空间的规划是前来购买房子的客
户们最关心的事情之一。
这是个灵活使用空间的方案，同时也
是节约空间的方案。

方案　鹄沼海岸的家 平面图（S = 1 ：200）

餐厅　　　　　　　　　阳台

厨房　　客厅

2F

土间　　玄关

盥洗室

房间　　房间　　仓库　停车场

1F

数据

鹄沼海岸的家

沿海建在神奈川县的专用
住宅。1楼是单人房和土间，
2 楼是 LDK 的开放式规划

设计：OCM 一级建筑师事
务所
家庭构成：夫妇
用地面积：115.00 m²
1 楼面积：43.43 m²
2 楼面积：41.36 m²
总面积：86.83 m²

技巧 2 配备轮椅活动路线的土间

摄影 = 廣瀬育子

存放自行车或小物件的空间

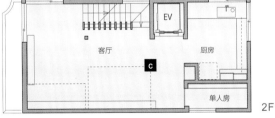

玄关一侧有鞋柜

内部有家用电梯，土间中配备了轮椅活动路线

a. 从玄关看土间
b. 从土间看玄关
c. 家用电梯连通 1 至 3 楼
d. 玄关一侧的鞋柜

方案 连根的家 平面图（S = 1：200）

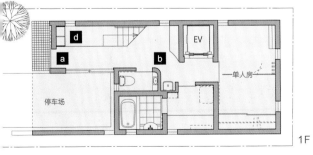

3F

单人房　阳光房　单人房

阳台
阳台

2F

客厅　厨房

单人房

1F

停车场
单人房

数据

连根的家

建在东京都的专用住宅。为使用轮椅的家庭成员增设了家用电梯，土间中配备了轮椅活动路线

设计：OCM 一级建筑师事务所
家庭构成：夫妇 +3 个孩子
用地面积：77.31 m²
1 楼面积：45.47 m²
2 楼面积：45.47 m²
3 楼面积：30.63 m²
总面积：121.57 m²

技巧 3 阁楼和储藏室的节约型设计

阁楼的使用，使空间储藏量大幅提升

储藏室的上方设有阁楼

公寓的斜坡天花板保证了高度

a. 从起居室看厨房
b. 阁楼的上部
c. 餐厅的上方设有阁楼

数据

K 住宅

兵库县明石市的公寓翻新项目，斜坡天花板是其特色

设计：大师计划一级建筑师事务所
家庭构成：夫妇 +2 个孩子
房龄：27 年
总面积：83.27 m²

方案　K住宅 平面图（S = 1：150）

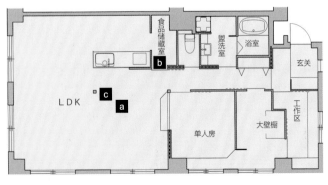

截面　K住宅 平面图（S = 1：40）

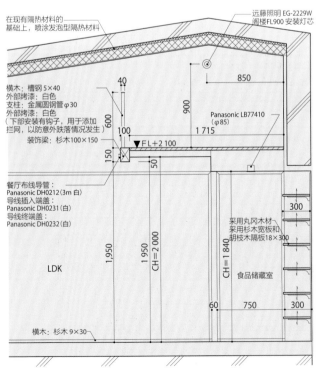

技巧4 阁楼和 WIC 与儿童房相连

可从儿童房进入阁楼

衣饰间的天花板不需要太高易于与阁楼重合

a. 儿童房与阁楼相连
b. 阁楼确保 0.7 米的高度
c. 步入式大壁橱的高度：1.8 米

数据

M 住宅

兵库县的公寓翻新项目。储藏室与儿童房相连通，阁楼的设置增大了空间面积

设计：大师计划一级建筑师事务所
家庭构成：夫妇 +1 个孩子
房龄：29 年
总面积：71.41 m²

截面　M住宅　平面图（S = 1：40）

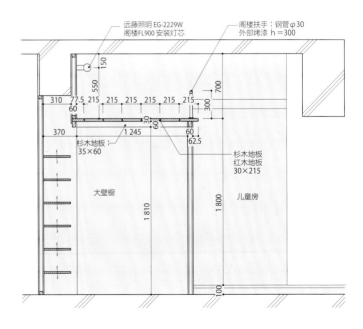

远藤照明 EG-2229W
阁楼 FL900 安装灯芯

阁楼扶手：钢管 φ30
外部烤漆 h = 300

杉木地板
35×60

杉木地板
红木地板
30×215

大壁橱

儿童房

方案　M住宅　平面图（S = 1：150）

大壁橱

和室

儿童房　卧室

b
c

a

LDK

玄关

食品储藏室

浴室

MB

技巧 5 多个房间共用的壁柜和阁楼

窗帘的轨道，稍微与房间分隔开来

各个房间共用的收纳区以窗帘与房间分隔开来

阁楼可用于收纳和居住等

与阁楼和收纳区相连的楼梯

a. 设在单人房上方的阁楼
b. 单人房通过平缓的护墙板彼此相连
c. 从 2 楼台架的走廊看单人房，透过窗帘看单人房里的收纳区

数据

东京都 S 住宅

针对小型家庭的小住宅。采用几乎没有墙壁的开放的方案，不会令人感到闭塞。地板的材质使用松木，房间的出入口为经过 R 加工的柔软的外观设计

设计：Freedom 建筑设计事务所
家庭构成：夫妇 +2 个孩子
用地面积：107.42 m²
1 楼面积：42.66 m²
2 楼面积：41.44 m²
总面积：84.10 m²

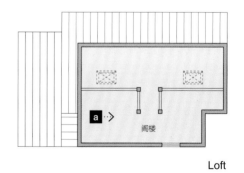

阁楼

Loft

方案　东京都 S 住宅 平面图（S = 1：150）

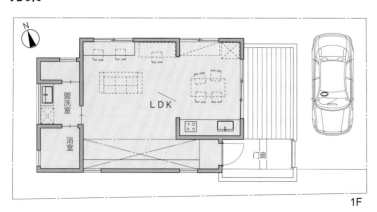

LDK
洗漱室
浴室
门廊

1F

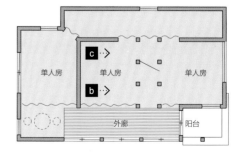

单人房　单人房　单人房
外廊　阳台

2F

第 **5** 章

受年轻一代追捧
新的平房布局

现在，平房受到越来越多人的青睐，尤其是那些三四十岁正在养育后代的家庭。

由于受到了年轻人的追捧，这些房屋必须更加注重居住的舒适性，此外还必须兼顾"养育后代"以及"家庭成员之间交流"等诸多功能。

本章将详细讲述这些内容。

最初的房屋都是平房

客户渴望拥有面积适中的住所

不少人都认为，平房的空间需求不需要太多。客户渴望拥有一个两层楼的"家"。

但是仔细想想，为什么一定要建造两层楼呢？实际上也并非如此。比如，孩子成年后独立生活，对夫妇两人来说，平房就足够了。

而且，令人意外的是，30 至 40 岁的人群中希望住平房的人数最多。他们不会在无用的东西上浪费钱，也没有"房间面积尽量大一些，房间数量尽量多一点"的想法，只想要一间面积差不多的平房。

当然，用地的广度在变化。即使是简易的平房，也要仔细、合理地加以规划。

在用地面积内合理规划庭院、停车场、建筑物

平房用地有很强的一体感，在用地面积内应尽可能地建造庭院

a 厨房与餐厅是连在一起的

空间拥有比较完备的使用功能，厨房柜台和餐厅桌子连为一体，提高了空间利用率。客厅、餐厅、厨房里各放置了小型榻榻米

b 以木质阳台和窄窄的走廊连接庭院和室内

将木质阳台设为 L 形，与室内和庭院相连。低屋檐是平房的特点，家人可以在木质阳台和窄窄的走廊等半屋外空间中快乐地生活

方案 井伊谷的家 平面图（S = 1：200）

为了清晰地分隔儿童房，从客厅到儿童房设有两个入口

在厨房旁边壁龛般的空间中打造工作书桌和壁柜。孩子在夫妇看得到的地方学习。夫妇在此工作也很方便

室外储藏室
儿童房
门廊
客厅
浴室
大壁橱
玄关
盥洗更衣室
厨房
工作桌
餐厅
木质阳台
主卧

南北方向的细长的用地上，南侧为庭院，北侧为停车场。平房是纵向细长的。用地内不设死角

数据

井伊谷的家

设计、施工：扇建筑工房
家庭构成：夫妇 +2 个孩子
用地面积：252.25 m²
总面积：90.75 m²
建筑密度：36%

平房的优点

☑ 空间紧凑

由于没有楼梯间，生活空间紧凑，1楼就足够了；活动路线变短，可以高效地进行家务劳动等

☑ 不污染城市环境

建筑物的高度很低，不妨碍近邻的采光、通风

☑ 良好的抗震性能

负荷小，重心低，抗震性能高。负荷小，需要的柱子也少了，提高了空间自由度

☑ 通风

开口很大，便于通风

☑ 院子离得很近

从走廊出来就能到达庭院

☑ 无障碍设计

对老年人来说，楼梯在某种程度上是一种"负担"。这里没有楼梯，进行家务劳动也变得轻松多了

如果空间狭小，则有必要建造2楼

在确保完整的庭院、停车场、建筑物的前提下，如果平房不能容纳足够的居室，那么应该考虑增加2楼

a ### 2楼的房屋不限定其用途

进行平面规划时，将1楼容纳不了的部分设置在2楼。2楼有儿童房和集中在走廊的收纳区，其他房屋并未限定特别的用途

b ### 考虑对邻居的影响，降低2楼的高度

2楼尽量降低高度，特别是北侧小屋的收纳区，高度要更低一些。这个是对日照和通风的充分考虑。高度降低的话，重心也降低了，抗震性能反而提升了

老年人不会因为爬不了楼梯而感到生活不方便，因为在1楼设置了卧室并配备了各种洗浴设施，方便老年人的日常起居

方案　家代的家 平面图（S = 1：200）

N

鞋帽间　通道　走廊　玄关　收纳区　主卧　收纳区　餐厅、厨房　客厅　盥洗更衣室　浴室　木质阳台

b →

小房间　**b →**　收纳区　**a →**　儿童房

2F

数据

家代的家

设计、施工：扇建筑工房
家庭构成：夫妇 +2 个孩子
用地面积：213.44 m²
总面积：82.36 m²
建筑密度：38%

a 根据业主的要求改造 LDK 以外的空间

根据业主的要求，在确保完整的 LD 的前提下，1 楼留出了可以自由支配的少许空间。这里设置了 4.5 张榻榻米大的客厅

b 也有将收纳区设置在天花板上的方法

透过隔扇，柔和的光线从南侧开口射入室内。客厅的天花板很低，将间隔的小空间打造成收纳区的阁楼

大小适中的建筑面积为 82.5 平方米

一般的家庭构成中，大小适中的房屋面积是 82.5 平方米左右。房屋中布置了客厅、饭厅、寝室，并且配备了各种洗浴设施，还有 1 至 2 个可以自由支配的房间。如果需要设置庭院和停车场，那么用地面积至少需要 214.5 平方米。特别是庭院，为了使建筑物和用地融为一体，不能设置得过大

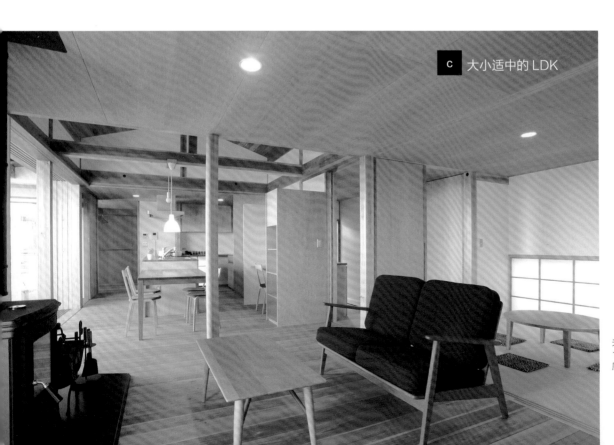

c 大小适中的 LDK

夫妇 2 人居住的住房。1 楼设置了客厅、餐厅、厨房

d 考虑到对邻居的影响，严格
控制空间高度

平房的空间高度必然很低，不会给邻居
和道路带来压迫感，对构建良好的邻里
关系也有帮助

e 设置走廊，感觉院子
就近在咫尺

内部空间整体接近庭院
的建筑形式只有平房。
木质阳台被用来连接室
内和室外。遮雨和夏季
遮阳的屋檐，将阳台更
加"内部化"，增强了
与庭院的联系

数据

恩地的家

设计、施工：扇建筑工房
家庭构成：夫妇
用地面积：213.44 m²
总面积：82.37 m²
建筑密度：38%

方案　恩地的家 平面图（S = 1：150）

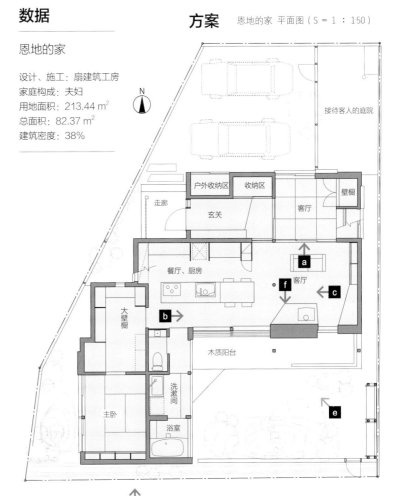

主要的庭院被设置在南侧，在西侧栽植了植物，透过每个
窗户都能看到户外绿景

f 为欣赏户外绿景，窗的位置
和大小也很重要

南侧的客厅和饭厅面向
庭院。在这里，近距离
地欣赏花草树木，仿佛
用手直接触摸一样。庭
院给内部空间带来了宽
裕感

a 不需要单人房和走廊

业主不需要单人房，只将舒适的LDK作为生活的中心。柜台厨房的两侧设置了收纳区，将厨房和客厅平缓地分隔开来

b 可以用作儿童房的车库

从玄关可以看到能够容纳15个榻榻米的车库。车库的面积与LDK差不多且易于被改作他用。洗浴设施和晾衣区面向户外道路，出于防盗的考虑，设置了围墙

兼具其他功能的房间

为打造"面积适中"的房屋，在"n 个 LDK"的基础上，增加了房间的数量，重新评估并严格控制房间的面积，所有房间都是必要的。在这种情况下，平房是最佳方案

在 LDK 和卧室的以外的地方设置了宽阔的车库。这是喜欢车子的丈夫所希望的。同时，这里还可以被改造成儿童房

方案 湖东的家 平面图（S = 1 : 150）

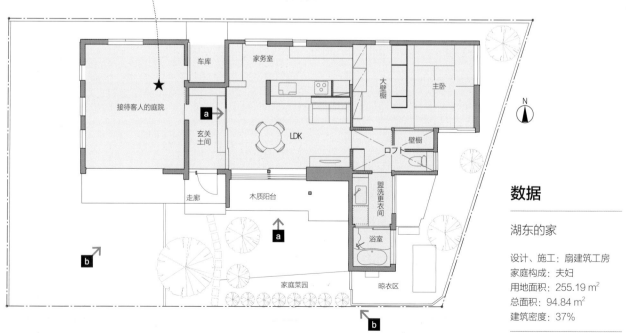

数据

湖东的家

设计、施工：扇建筑工房
家庭构成：夫妇
用地面积：255.19 m²
总面积：94.84 m²
建筑密度：37%

方案 丰冈的家 平面图（S = 1：150）

地板铺设了薄薄的榻榻米。踩在榻榻米上就像直接踩在地板上。
孩子成年独立生活后，可以撤掉榻榻米，使家回到原来的样子

平面图标注：浴室、卫生间、盥洗更衣室、学习室、榻榻米、LDK、阁楼、壁橱、大壁橱、主卧、前厅、玄关、衣鞋柜、a、b、N

数据

丰冈的家

设计、施工：扇建筑工房
家庭构成：夫妇 +2 个孩子
用地面积：334.26 m²
总面积：88.24 m²
建筑密度：26%

---

a 转换成儿童房
的榻榻米角落

榻榻米的厚度为 1.5 厘米。目前没
有门窗，但配置了一些柱子，如果
儿童房中安装门窗的话，这些柱子
可以提供些许便利。桌子位于榻榻
米的一角，还可作为孩子的学习桌
和家务桌，提高了空间利用率

b 所有这些配置
都在 1 楼

从客厅到水房以直线相连，家庭成
员的生活空间都在 1 楼。业主觉得
没有必要设置单人房

作为商品的平房

为人所知的白色方形简易木房子（Casa Cube）是 2012 年 8 月推出的。
作为商品的平房，其魅力何在？

a 抬高了天花板，
提升了开阔感

天花板不做延展，最大高度为 4.018 米，
形成开阔之感。内部是可以铺设 12 张榻
榻米的自由式西式房间。以室内家具作为
入户的门，提升了空间的整体感

c 大开口＋檐廊＋屋檐＋庭院，
这种设置是必要的

厨房兼起居室的大厅采用一面豪华落地窗，坐在屋里所面对的是
一个精致的小院子。窗框也采用了简洁的材质，它可以与其他家
具用品巧妙地融合在一起，并且具有良好的经济性

b 平房的比例、房顶的
外观是关键

建于福冈的 Casa Basso 样板房。厚厚的房顶让人心情低落。为
使房顶不过分厚重，没有安装排水管，突出了鲜明的线条

The vision

对于木房子（Casa Basso）的开发，真木健一社长说："住宅不是公司的选择，而应充分考虑商品选择的变化，像汽车制造商，从家庭汽车到高档轿车，对不同范畴的商品进行划分，我们也要让产品与生活方式相符。木房子（Casa Basso）就是这样一个范例，将世代长期居住的老房子改造成新式商品房，当然，是在保留其传统风貌的前提下。"

木房子在推出后的 10 个月，与预想相反，在 20 世纪 30 年代出生的一代人当中引起了极大的反响。其既保留了日式风格，又加入了现代的山形屋顶，柱子很少，布局便利，对于讨厌浪费的年轻一代来说，魅力十足。漂亮的房子，在残酷的市场竞争中，也许会成为引起潜在需求的抢购商品。

木房子

d 设置伸出的屋檐，
走廊位于室内

伸出的屋檐是对构思和性能反复讨论的结果，伸出 1.35 米。因为去掉了椽子的屋檐部分，所以外观非常简约

f 家具的高度是固定的，无障碍的其他设施具有较高的使用性能

玄关旁的鞋柜，设计为人可以坐下的高度；与此相比，门槛不是很高，脱鞋很方便。无障碍的设施具有较高的使用性能

e 格子门：间隔式的强弱变换

玄关和 LDK 不设走廊，用无压迫感且富有格调的格子门加以分隔。它旁边的办公桌和壁柜构成了书房的空间

方案　Casa Basso 平面图（S = 1：150）

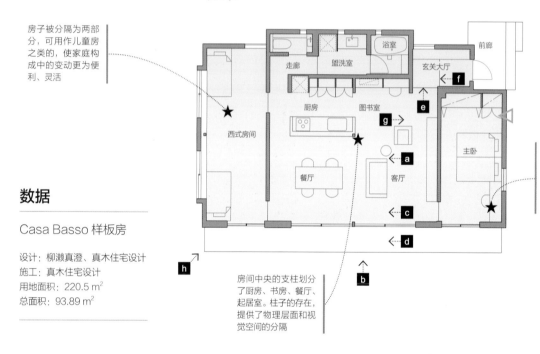

房子被分隔为两部分，可用作儿童房之类的，使家庭构成中的变动更为便利、灵活

中央设置 LDK，其左右布局为西式屋和卧室

以墙壁分隔的单人房，除了可以作为卧室，还可以作为画室或工作室（虽然还在规划中），以提高其作为商品的市场竞争力

房间中央的支柱划分了厨房、书房、餐厅、起居室。柱子的存在，提供了物理层面和视觉空间的分隔

数据

Casa Basso 样板房

设计：柳濑真澄、真木住宅设计
施工：真木住宅设计
用地面积：220.5 m²
总面积：93.89 m²

---

h 山形屋顶：自然、简洁就是本真的美

房屋改造时，最难的是根据建筑物的形状和大小，找到最美观的屋顶形状，进行反复试验。其结果是，要打造一个约 152 毫米的斜坡并形成高低错落的"一"字形屋顶。结构的束缚促成了表现力很强的部位

g 住宅整体连接、扩展

高高的天花板和屋顶的坡度搭配和谐。线条流畅的拉门里是卧室。卧室中的各个角落做了很清晰的分隔

尽管有超过 330 平方米的宽阔用地，使用面积却控制在 99 平方米，形成了很大的庭院。这样一来，不仅通风采光条件好，庭院里还可以栽花种草，景致迷人

a 屋子的两侧是窗户，可以看到户外

卧室、餐厅、厨房都面向北侧的庭院，空间色调时尚，光照充足，不会有昏暗的感觉

房屋南侧是庭院、停车场，北侧也是庭院。起居室、餐厅、厨房形成"围合之态"，通风采光条件也非常好

方案 大谷的家 平面图（S = 1 ：150）

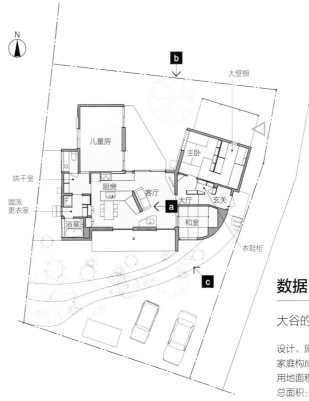

大壁橱

儿童房

主卧

烘干室

盥洗
更衣室

厨房

客厅

大厅

玄关

浴室

和室

衣鞋柜

b

a

c

b "コ"形的地基设计，屋与屋相连通

北侧种有植栽简易的伊吕波红叶；面向起居室、卧室的木板台，其面积相当于一个房间

数据

大谷的家

设计、施工：扇建筑工房
家庭构成：夫妇 +3 个孩子
用地面积：395.3 m²
总面积：106.85 m²
建筑密度：27%

c 相对于建筑物，现在的业主更青睐于宽阔的庭院

在南侧，宽敞的庭院延伸了起居室、餐厅的视线，使有限的空间具有开阔的视野

图书在版编目（CIP）数据

住宅设计解剖书．隔断收纳整理术／日本 X-Knowledge 编；刘峰译．—— 南京：江苏凤凰科学技术出版社，2015.5
ISBN 978-7-5537-4376-9

Ⅰ．①住… Ⅱ．①日… ②刘… Ⅲ．①住宅－室内装饰设计－日本 Ⅳ．① TU241

中国版本图书馆 CIP 数据核字 (2015) 第 082925 号

江苏省版权局著作权合同登记章字：10-2015-057 号

SENSE WO MIGAKU JYUTAKU DESIGN NO RULE 3
© X-Knowledge Co., Ltd. 2013
Originally published in Japan in 2013 by X-Knowledge Co., Ltd. TOKYO,
Chinese (in simplified character only) translation rights arranged with
X-Knowledge Co., Ltd. TOKYO,
through Tuttle-Mori Agency, Inc. TOKYO.

住宅设计解剖书　隔断收纳整理术

编　　　者	（日）X-Knowledge
译　　　者	刘　峰
项 目 策 划	凤凰空间/陈　景
责 任 编 辑	刘屹立
特 约 编 辑	赵　萌

出 版 发 行	凤凰出版传媒股份有限公司
	江苏凤凰科学技术出版社
出版社地址	南京市湖南路1号A楼，邮编：210009
出版社网址	http://www.pspress.cn
总 经 销	天津凤凰空间文化传媒有限公司
总经销网址	http://www.ifengspace.cn
经　　　销	全国新华书店
印　　　刷	天津市银博印刷集团有限公司

开　　　本	889 mm×1 194 mm　1／16
印　　　张	8.5
字　　　数	108 800
版　　　次	2015年5月第1版
印　　　次	2015年5月第1次印刷

标 准 书 号	ISBN 978-7-5537-4376-9
定　　　价	59.00元

图书如有印装质量问题，可随时向销售部调换（电话：022-87893668）。